跟着 DVD
轻松做面包

（日）伊原靖友 著　崔岩 译

辽宁科学技术出版社
·沈阳·

序言

自从我开办了一间面包教室，学生们经常会带着"怎么也做不好"、"总是失败"等各种各样的问题来到我这里。听了他们的话，我终于明白，制作面包的要领和关键是从发现"怎么失败"中找到的。

一些面包制作教科书，经常有"如果面团过紧"、"膨胀到2倍左右"、"烤出漂亮的颜色"等说法。但是，这些说法，无论哪种都必须通过长时间的练习，等有一定的经验和感觉后才能掌握。

这对我们专业面包师来说当然没有问题，但是对于烘焙经验很浅或者完全没有烘焙经验的人来说，困难可想而知。因此，我认为教导面包制作的方法，不应该只依靠经验和感觉，而是应该采用数据说明的方法，达到无论菜鸟还是老手，都可以做出同样出色的面包的效果。

从某些方面来说，本书并非简单易学，因为必须学习遵守的数据和规则有很多。但是，从另一方面来讲，本书又可以说十分简单，因为只要遵守了这些数据和规则，就可以成功地烤出美味的面包。

我在本书中传授的是谁都没有见过的面包制作的秘密，也许会让大家感到有些麻烦和费劲。但是，无论如何，我都希望大家去挑战一下！

为什么这么说呢？因为正是这些麻烦和费劲的地方，才是面包制作的真正乐趣所在。

虽然说不依赖经验和感觉，但实际上，面包制作的精髓，是只有在经验积累到一定程度，感觉变得非常敏锐后才能体会得到。这句话也许会让大家感到自相矛盾，但是如果通过了"不失败"的面包制作这关之后，下一步的目标就是制作出"更好吃"的面包，这就需要经验和感觉了。

让大家能亲手制作出"独创"的面包，将大家引入到面包制作世界的无穷乐趣中，是本书想要达到的最终目的。

"Zopf"面包店店长兼主厨　伊原靖友

目录

使用有黏性又松软的面团制作的13种面包

用爽口又柔软的面团制作的 15 种面包

准备工作

· 烘焙百分比是指在假定面粉（本书为小麦粉）的分量为100％的前提下，其他的材料对面粉的比例。

· 小匙为5ml，大匙为15ml，1杯为200ml。

· 手粉、底粉要使用制作面团用的小麦粉。

· 请在烤盘上涂抹上薄薄的起酥油等油脂，或者垫上高温布。

· 涂抹油脂时，涂上薄薄的一层即可，使用海绵会更方便。

· 请给金属制的模具或者盖子上，涂上薄薄的起酥油，或者垫上高温布。

· 本书中，使用以下的词语作为专用术语：

　　面团温度＝面团的温度

　　粉温＝粉的温度

　　实际温度＝实际测量的温度

伊原师傅的面包讲座

面包酵母是有生命的，面包是它的创造物

制作面包之前，首先要考虑的问题是：您知道面包是如何制作出来的吗？

面包是借助面包酵母（酵母）的"真菌"产生的。但并不是单纯地将酵母添加到小麦粉中就可以制作出面包。首先，我们要了解面包酵母是有生命的，在了解其特性的基础上，我们再来制作面包吧。

请不要想得太复杂！

酵母在低温条件下不能生长，在高温条件下会死亡，就像人类做事，常常欲速则不达，但松垮散漫又会错失良机。这种类似我们人类社会的特点，存在于面包制作的各个环节中，希望大家谨记。

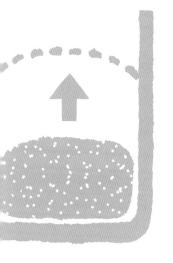

发酵是什么？

面包制作过程中最重要的环节，就是发酵。发酵有两个目的：让面团膨胀、使面团熟成。

比如，本书中的黄油餐包（见P18），就是使面团温度为28℃，发酵50分钟，膨胀约2倍后制成的。如果只考虑到面包的膨胀度，只需增加酵母的使用量，或者将温度调整至28℃以上，也许不到50分钟，就可以使其膨胀至2倍大。

只想使面团膨胀的话，这些方法都可以。但是，这么做的后果是，看上去很蓬松的面团，烤完之后，却会变成外表塌陷、内部残留发酵臭味、口感很差的面包。

发酵的另一个作用，就是增加面团的弹力、嚼劲和香味，也就是所谓的使其"熟成"。

测量"面团温度"，随时制作美味面包

理解了酵母和发酵之后，接下来要说的是我认为面包制作中最重要的两点："温度"和"时间"。

首先要说的是"面团温度"。

这是我制作面包，同时也是这本书的关键词及基本规则。

在小麦粉中混入酵母和水制作面包，精心培育面团，就应该可以制作出美味的面包，但是这样做的前提是必须确认培育的环境是否合适？是否精心地培育了面团？

要了解这些，就必须知道"面团温度"，也就是面团的温度。

测量面团的温度是非常重要的。

了解面包制作的人，想必听过"搅拌温度"一词。搅拌温度是指面团揉好后的温度，是面包制作专业词汇。

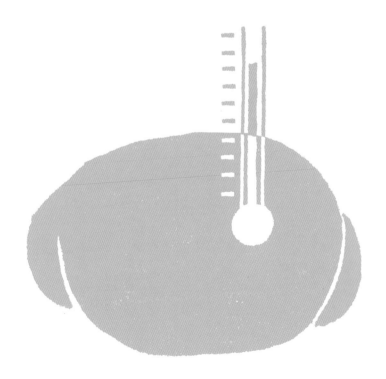

"室内温度"和"面团温度"是两种概念

　　面团温度是会不断变化的。在特定条件下，室内温度可以保持恒定，但是面团就很难做到了。

　　这就是最大的问题！

　　比如，如果你的手温度过低，在相同条件下揉面，揉面后的温度就会产生2℃~3℃的差别。另外，在冬天特别冷的时候，即便将室内温度调高，但如果操作台温度过低，在操作过程中，面团温度也会变得很低。如果只是创造了指定的温度环境，而面团温度不达标，发酵就不会如预料般顺利进行。

　　因此，在面包制作过程中，我们必须时刻注意面团温度，准确地掌握面团的状态。只有这样，才能每次都能制作出同样的面团。

　　这就要求我们并不只是关心搅拌温度，而是在所有的操作过程中，细致地测量面团温度，如果温度过低就调高，如果温度过高就冷却（冷却的操作很少）。

　　这就是我的面包制作方法。

　　本书使用养殖热带鱼用的鱼缸电热器和宠物用的迷你电热毯，来介绍调节面团温度的方法。这种方法简单而又实用。如果您家里有其他温度控制物品，也是可以使用的。比如说，不制冷的冰箱的温度如果经常控制在30℃左右，利用一下也是不错的。或者一些炉具也可以。

　　但是，直射阳光及炉具中的紫外线，会造成面团表面干燥等诸多负面影响，所以需要在面团的表面盖上保护布。

　　同时，请不要失去培育面包酵母这种"活着的生物"的意识。

遵守操作时间的意义

新手制作面包时，经常会因为在操作时过于投入，而忘记时间。在制作面包时，发酵时间一定要遵守，同时，其他时间也必须多加注意。

时间，是第二个关键词及规则。

为什么时间这么重要呢？因为面团在进入烤箱之前，实际上是在持续发酵的。所以如果按照规定用10分钟结束的操作，却花费了1个小时，那么面团的状态就会截然不同。所以希望大家不要忽视操作时间及发酵时间。

本书除了发酵面团时间及烘烤时间以外，还在揉面操作、成形操作等环节划定了大致标准。为了让持续发酵的面团以最好的状态烘烤，希望大家可以尽量在规定的时间内完成操作。

了解烤箱的真实温度

最后，再说一说烤箱的温度吧。

在面包制作中，很多人是在最后的"烘烤"环节中失败的！他们失败的最大的原因是，将烤箱按照教科书指定温度设定，却不知道烤箱内部的实际温度到底是多少。

电烤箱也好，煤气烤箱也好，都会遇到相同的问题。

打开电源，把烤箱温度设定为200℃（设定温度），但烤箱内实际温度（实际温度）达不到200℃的情况经常发生。

在我的烘焙教室里，就有学生因为不能很好地制作面包而长期苦恼，后来发现这位学生设定的烤箱温度为200℃，但实际温度却只有140℃。

因为有这样的事情发生，所以在面包制作之前，请一定要确认烤箱的内部温度（实际测量方法见P10）。如果不这样做的话，好不容易制作出的面团，就不能烤出美味的面包，没有比这更遗憾的事情了。

用"温度"和"时间"的数值可以管理的要素，用手、眼睛可以确认的要素，如果掌握好这两方面要素，就应该可以制作出"一定不会失败的面包"。

9

你的烤箱是什么样的?

电烤箱是如何传导热的?

现在普通家庭中最常见的烤箱,是烤箱与微波炉一体式的电烤箱。这种类型的烤箱,大多在箱内侧带有电热器或风扇,可以吹出热风及循环热能,这种类型的烤箱也被称为"风炉"。

这种烤箱热风出口附近的实际温度会变高。另外,根据插入烤盘的高度不同,也会产生实际温差。所以,测量实际温度的时候,在实际要烘烤面包的位置放入烤盘,将烤箱温度计放在从外面可以看到刻度的地方测定温度。

实际温度的测量方法

首先,请在前述的位置上放好烤箱温度计,不使用烤箱的预热功能,将温度设定为180℃,按开始键。虽然烤箱温度计的温度逐渐上升,但经过一段时间后就会停滞不动。记录下这时的实际温度。

接着,将设定温度提高10℃,以相同的要领记录实际温度。这样反复每次提高10℃来记录实际温度。这样一来,设定温度和实际温度之间有多少差别就会一目了然。

这种每隔10℃的实际温度测量方法,并不是测量一次就结束,建议要定期测量。因为即便在使用过程中,也会发生实际温度变化的情况。

"预热"是怎么一回事?

烘烤面包之前，必须要加热烤箱，这就是预热。预热并不是将面团放入烤箱之后才打开烤箱，而是事先把烤箱温度提高到指定温度后，才放入面团。

预热时，要将实际温度比烘烤面包的温度提高30℃设定，并且要等达到设定温度之后，才放入面团。放入面团之后，再将设定温度调低30℃，恢复到面包的指定烘烤温度，按照指定的时间出炉。

为什么要比实际温度高30℃进行预热呢，因为电子烤箱即使事先预热，也会在放入面团打开烤箱门的瞬间，导致箱内温度下降。然后，箱内的加热管开始加热，吹出热风。同时为了不让吹出的热风将面团表面干燥，提高30℃预热，关闭箱门马上降低30℃，使加热管停止工作。

电烤箱的使用秘诀

带有风扇类型的烤箱，会有热风出口附近的面团烤焦、所有的面包表面烘烤颜色不均、面团表面干燥妨碍膨胀等情况发生。另外，如果将面团放在风扇位置的下方，会经常发生下火失效（下火热度不足），导致只烤熟了面包表面，内部却烤不熟的情况。特别是烤大型面包等的时候，下火热度足够才能烤得好吃，所以，最好将烤盘插在风扇的位置之上。

不过，现在的新机型，有的进行了使下火也能到达烤箱下部的设计，有的也为减少烤色不匀进行了改良。即便购买了新机型，请大家不要忘记要进行箱内实际温度、试烤、内部哪里可以更好的烘烤测试等等，努力地去了解烤箱的特性。因为这是与烘烤出美味面包息息相关的。

制作面包的材料

　　面包制作的原材料，几乎都是家庭日常必备的物品。只要购买了酵母，谁都可以轻松地开始制作面包。事先了解各种原材料的特性，面包制作将会变得更加有趣，也会制作出更加美味的面包。

高筋粉（小麦粉）

高筋粉是小麦粉中蛋白质含量最多的面粉。在超市等地可以买到，可以买常见的品种，也可以挑选品牌购买。

*品牌选择时，请参考蛋白质及灰分的含量。相同揉面方法的话，蛋白质含量越多，膨胀性越好，烤出的面包也更柔软。所谓的灰分是指小麦的表皮及胚芽中所含的矿物质含量。会影响面包的味道。灰分越少，就会制作出杂味儿少但味道不足的面包。灰分还有阻碍面包弹性及膨胀性的作用，因此如果使用灰分多的面粉就会导致面团过软，难以膨胀。

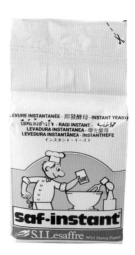

即发干酵母

酵母具有使面团发酵膨胀，使面包产生香味的作用。因为其新鲜度非常重要，使用后要密封在冰箱内保存，尽量1年以内全部用完。本书使用的酵母，是不需要预备发酵的"即发干酵母"。我推荐大家使用燕子牌的"金色包装即发干酵母"。

*燕子牌酵母里，还有"红色包装"和"蓝色包装"，根据砂糖分量和发酵时间的不同区别使用。金色包装的即发干酵母适用于糖分多、6小时以内发酵的面团，红色、蓝色包装的即发干酵母则适用于糖分少，发酵时间需6小时以上的面团。如果分不清的话，请使用金色包装的即发干酵母即可。

食盐

如果食盐发潮的话，请在计量前用平底锅干炒一下，除去水分。

砂糖

在我的店里，使用"粗砂糖"。也就是绵白糖和细砂糖精制之前的、粒粗、带褐色的砂糖，矿物质含量丰富并且味道浓郁。如果不好购买，请使用绵白糖代替。市场上出售的甘蔗砂糖，因其矿物质含量过于丰富，会造成面团过软，操作困难。

黄油

使用无盐（不含食盐）黄油。包括发酵黄油在内，请根据个人喜好来使用。也可在黄油中加入麦淇淋或者使用"动植物油脂混合麦淇淋"（烘焙材料商店有售）。如果打算食用当天烤出的面包，推荐使用黄油。如果使用麦淇淋，烤后的面包第二天也可保持蓬松感。使用黄油制作面包时，要将刚从冰箱里取出的温度过低的黄油用擀面杖敲打至软。如果将融化了的黄油搅拌到面团当中，就会做成没有弹力且容易掰断的面包。

脱脂奶粉

将脂肪成分从牛奶中分离，制成的粉末状物质，称为脱脂奶粉。价廉且保存性高为其特征。如果产生结块，使用糖粉筛过筛。使用牛奶代替的场合，要将脱脂奶粉置换为其10倍分量的牛奶，同时减少吸水量。牛奶因其9成的成分为水，所以要从加入面团中的水分减少相应的分量。

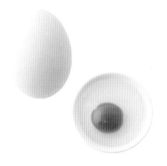

鸡蛋

本书中的面包只使用蛋黄。起到让面包柔软和浓香的作用。要是加入蛋清，烤出的面包就会变硬。

水

最好使用净水器过滤的水。

制作面包的工具

制作面包的工具，有烤箱、计量器具等必备物品，还有使制作面包更加轻松的物品。如果想要更好地制作面包，请务必准备好能助你一臂之力的工具。

● 必要的物品　● 使制作更轻松的物品

烤箱 ●

热源分为电器的和煤气的，哪种都可以。不要以设定的温度去判断，用实际温度计来确认烤箱内的温度吧（烤箱知识见P10）。

秤 ●

在计量小麦粉、水、黄油、蛋黄等分量多的材料时，使用以1g为单位，最大称量为2kg的称。

微量秤 ●

以0.1g为计量单位的计量器具。酵母、盐等，即使是0.1g的差别都会影响最后的效果。用微量秤称过重的东西很容易导致故障，严禁使用。

温度计 ●

经常测量面团的温度，是提高制作面包水平的捷径。温度计会成为你的好搭档。数字类型的使用方便，推荐使用。

烤箱温度计 ●

是测量烤箱内温度的温度计。需要能够测量到300℃类型的温度计。因为会变得很烫，取出的时候需要戴耐热手套。

不锈钢盆 ●

混合材料时的大号不锈钢盆（直径30cm）；计量材料的中号不锈钢盆（直径23cm），如果有小号不锈钢盆（直径13cm）就会更加方便。

切面刀 ●

分割面团时使用的金属制的工具。为了容易握在手中，带有把手。

刮板 ●

混合材料、揉面团、整合面团，用曲线部分可以将残留在盆中的材料干净地取出，用直线部分可以分割面团等的便利工具。

刮刀 ●

有了刮刀就可以将鸡蛋等糊状的材料全部取出。计量过的材料毫无浪费的使用是基本中的基本。

打蛋器 ●

在混合面粉的时候使用大号打蛋器，将酵母与水混合的时候使用小号打蛋器，有了这两种型号就可以了。

擀面杖 ●

擀面团的时候使用。直径3cm，长度30cm左右，任何材质都可以，只要求表面无凸凹不平即可。

计时器 ●

最容易忽略的是遵守规定好的时间。时间与温度非常重要。为了不会忘记，使用计时器吧。

泡沫箱 ◉

在里面倒入热水，放入面团，进行第一次发酵。泡沫箱保温效果好，温度计插入方便。被当作保温箱销售。选择能容纳放入面团的容器大小的泡沫箱即可。

热带鱼用的电热器 & 恒温器 ◉

养殖热带鱼的水槽用的电热器适用于保持面包面团的发酵温度。用于保持倒入泡沫箱中的热水水温30℃使用。推荐使用带有防止干烧的安全设备，适用30cm鱼缸使用的装置。

塑料容器 ◉

将揉好的面团放在其中，然后连容器一起放入热水当中进行第一次发酵。如果用500g的高筋粉制作面团的话，使用容量2L左右的容器会比较方便。要是使用透明的塑料容器，为其套上橡皮筋，一眼就可以判断面团发酵到什么程度。

宠物用电热毯 ◉

发酵及松弛时，用于提高面团的温度。宠物用的大小正好合适，调控温度在28℃~38℃之间即可，使用起来非常方便。

保温垫 ◉

发酵时，为了保温可以盖在面团之上使用。

毛刷 ◉

为面团刷鸡蛋的时候使用。建议使用不会担心掉毛、容易保持清洁的树脂制的产品。

包馅匙 ◉

要用面团将馅料包入时专门使用的工具。本书当中使用长度为20.4cm的包馅匙。

粉糖筛 ◉

用于为最终发酵后的面团筛小麦粉，或给烘烤后的面包筛糖粉。

操作台 ◉

搓揉、敲打面团时，需要表面光滑且面团不易附着、坚固的操作台。制作本书中的面包，大小为60cm×90cm，重量为5~6kg程度的操作台最合适。

操作台用止滑垫 ◉

在桌子上放置操作台的场合，为了不让操作台在揉面过程中发生移动，使用硅胶材质的网状垫等作为防滑工具垫，在操作台下使之固定。

毛巾 ◉

提高操作台温度时使用。用水淋湿后，放在塑料袋当中，用电磁炉加热成为热毛巾。毛巾大小（30cm×80cm左右）方便使用。

塑料袋 ◉

温度调整时放入面团、剪开后为了防止面团干燥盖在面团之上、放入热毛巾等各个环节都可以使用的便利工具。

本书中使用的模具

想过"做出像饼房里那样的面包"吗？能帮助我们实现这个愿望的就是模具。即便同样的面团，使用模具烘烤与不使用模具烘烤的口感和味道也会发生变化。请一定要挑战一下方形吐司和螺旋面包。

吐司模具、方形模具

左：带盖的吐司模具。
长19.3cm × 宽10.3cm ×
高8.5cm、容量1500ml。
见P32
右：方形。
长18.2cm × 宽8cm ×
高9cm、容量1200ml。
见P38、P70

*如果没有相同大小模具，就准备大小相近的模具，然后用水测出容积。

丰沃面包模具

用于烘烤带小脑袋的丰沃面包的模具。周边10个波浪形、直径7.5cm。
见P78

圆柱形模具

圆柱形的烘烤模具。为了更好地烘烤内部面团，表面呈网络状。用钩子固定的开闭式模具。
直径11cm × 长20cm、
容量1400ml。见P36

派盘

底部可以拆卸的派盘。
长24.7cm × 宽9.9cm ×
高2.3cm。见P84

纸杯

制作面团上放置大量食材的面包时，是重要的宝物。将2个纸杯重叠放置的话，会增加强度，也会更好的保持形状。
直径9cm × 3cm。见
P46、P48

纸制长方形模具

烤制长方形面包时，容易切分，包装便利。使用纸制长方形模具，还有礼盒的效果。
长17.5cm × 宽6.5cm ×
高4.5cm。见P44

锥形模具

锥形模具是将面团缠绕在该模具后成型。中间是空洞，将手指插入到空洞内做支撑。推荐使用经树脂加工过的模具。
直径3cm × 长13.5cm。
见P82

松软舒适有弹力

使用有黏性又松软的面团制作的

13 种面包

有嚼劲
是其最大魅力

主食餐包和黄油餐包

Table Roll
&
Butter Roll

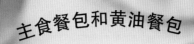

材料（分量约为主食餐包15个或者黄油餐包13个）		烘焙百分比
高筋粉	300g	100%
食盐	6g	2%
砂糖	36g	2%
蛋黄	15g	5%
脱脂奶粉	9g	3%
即发干酵母（燕子牌金色包装）	4.5g	1.5%
水	168ml	56%
无盐黄油	54g	18%
蛋液（上色用）		适量
高筋粉（装饰用）		适量

有韧性又松软的面团的特征是在松软中带有弹力。为了让面包有弹力，在"揉捏"、"敲打"这两个过程中需要格外卖力。即便使用同样的面团，通过改变形状，口感也会发生变化，这就是面包制作的乐趣。只是简单搓圆的主食餐包会变成松软的面包。而将面团擀平之后，再一圈圈卷起的黄油餐包则会成为有弹力、口感绵延的面包。

出炉前的时间表

制作美味面包有2个基本条件——温度和时间。

正确管理面团温度，按照规定的时间制作，就可以做出与专业人士一样的味道！

如果在各个环节花费了过多的时间，面团的状态就会发生变化，按照这个时间表为标准进行制作吧。

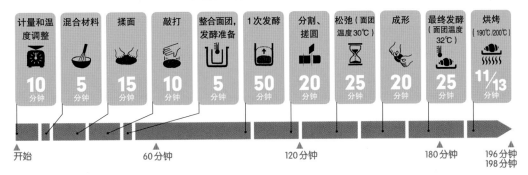

计量和温度调整	混合材料	揉面	敲打	整合面团，发酵准备	1次发酵	分割、搓圆	松弛（面团温度30℃）	成形	最终发酵（面团温度32℃）	烘烤（190℃/200℃）
10分钟	5分钟	15分钟	10分钟	5分钟	50分钟	20分钟	25分钟	20分钟	25分钟	11/13分钟

开始　　　　　　60分钟　　　　　　120分钟　　　　　　180分钟　　　196分钟
　　　　　　　　　　　　　　　　　　　　　　　　　　　　　　　　　　198分钟

计量和温度调节

要正确地计量食盐和酵母时，微量秤是必需品。

绝对不会失败的面包制作的第一步就是"正确计量"。分量稍有误差就会造成最终的成品发生变化。特别只是微量使用的食盐和酵母，一定要使用以0.1g为单位计量的微量秤。为了保证面团温度保持在28℃，要测量出室内温度、面粉温度及水的温度。

使用电子秤分别计量高筋粉、砂糖、蛋黄、脱脂奶粉、水、无盐黄油。

使用微量秤分别计量食盐、酵母。
● 酵母等材料，即便有0.1g的差别也会对最终产品产生影响，必须使用微量秤计量。

将用水淋湿的毛巾放入塑料袋中，使用微波炉将其加热至40℃后，放置在操作台上。
● 热毛巾除了夏天以外，基本上都需要用到。

以确保面团的温度到达28℃为目标，测量室内温度和面粉温度，以下面的公式为参考调节水温。
●（室内温度+面粉温度+水温）÷3 = 28℃。

混合

注意混合的顺序！

混合分为4个阶段进行。不节省步骤，不搞错顺序非常重要。

5

将高筋粉用打蛋器均匀地混合。加入食盐、砂糖、奶粉，再次混合。如果面粉温度过低，在底部垫上热毛巾。
● 通过混合可以加入空气（氧气）。为了增殖酵母菌，氧气是不可或缺的。

6

将酵母加入调节过温度的水（温水）中，混合溶解。
● 水温不可超过40℃。

7

将蛋黄加入到步骤6当中，混合。
● 溶化酵母之后加入蛋黄。如果事先加入了蛋黄，酵母就会被蛋黄裹住，变得难以溶解。

8

将步骤5的粉加入到步骤7当中，使用刮板将面团捞起混合。不是"面粉里加入水"而是"水里加入面粉"是操作的重点。尽快将面粉与水混合在一起。

9

混合至水分被面团吸收不见为止。
● 稍有面粉残留也没有关系。

 揉面

揉面回数为100~200回。测量面团温度，经常进行温度调节。

这种面包的魅力就在于富有弹性的韧劲。通过揉面，可以使面团产生叫作面筋的网络状组织。越揉，面筋就会变得越结实。为了制作出"松软蓬松，富有弹性和嚼劲"的面包，揉面环节不可投机取巧。

黄油要在面筋充分形成之后加入混合。网络还没形成时就加入黄油，就会形成没有"弹性"的"容易断裂"的面团。

同时不要忽略面团温度，揉面的期间要多次测量，如果未达到28℃，就需用热毛巾温热操作台，如果达到29℃以上需用凉毛巾冷却操作台。

10

将面团取出放在操作台上。还是分散脆弱的状态。

11

①用刮板的直线部分将面团从内侧取出、盖在外侧面团上。②用另外一只手的手掌从正上方按压面团。
● 按面团的手指要合紧。

12

✕ 错误操作

不要将面团薄薄地摊开。控制在手掌大小，从底部捞起后压在上部混合。
● 如果过薄地摊开面团，就会导致面团温度下降，造成面团表面干燥。

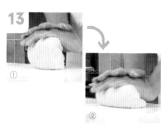

13

面团成团之后，全身用力双手揉面。首先，将面团向靠近身体方向拉起。

20

14

用力，从身体侧向外压面。压面时，使用后部的面团也可以一起拉过来的力度就可以。步骤13、14的一系列操作反复100次。不习惯的人、手小的人要反复200次。

15

揉面期间，要不时确认面团温度是否达到了28℃。
● 温度计的尖端要插入面团2cm后测量。

16

如果没有达到28℃，要用热毛巾边温热操作台，边继续揉面操作。

17

要经常检查面团的表面（特别接触操作台的部分），是否有干裂。
● 随意地将面团摊开，会造成面团表面干裂。

18

马上要加入黄油的面团。虽然表面光滑，但是将面团一部分用指尖试着拉开，面团很薄但是延展性不好。

19

将塑料袋盖在冷却的黄油上，用擀面杖敲打，使其变软。
● 在冷却的状态下使之变软为操作重点。加热使其变软，会导致黄油的性质及作用发生变化。

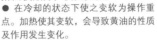

20

薄薄敲打后的黄油盖在面团上。

18

马上要加入黄油的面团。虽然表面光滑，但是将面团一部分用指尖试着拉开，面团很薄但是延展性不好。

22

将黄油和面团一起捏在手中，尽快将其混合。

23

揉捏至黄油块消失为止。面团呈瘫软，不光滑状态。用刮板将面团整合，测量面团温度。
● 如果没有达到28℃，使用热毛巾（为了不使黄油融化，温度控制在35℃以下）加温。

摔打，整理面团

首先摔打面团100次。从眼睛的高度向下摔打，使面团有劲道。

这种面团的特征是口感有弹性。为了制作出这种口感，需要摔打、锻炼面团，使面筋更加有力。摔打后的面团内部纹理也会变得更细腻。

摔打操作要在比腰部低的操作台上进行。将面团用两手拿到眼睛的高度后，往操作台上摔打。
● 摔打时，手要摆脱面团。

摔打后的面团从身体侧向外部翻折一半。要有"包入空气"一样的感觉。步骤24~25的操作反复100次。

只是摔打了20次，就变成了稍有弹力的面团。但是要反复敲打100次。
● 敲打100次之后，面筋就会变得更加坚韧，通过折叠面团，可以使酵母吸入新鲜空气，变得更加有活力。

摔打完成的标准是，表面出现光泽，拉开之后既薄薄延展性又好。同时确认面团温度是否达到28℃。

如果没有达到28℃，将面团放入塑料袋中铺平，使其漂浮在35℃的温水中提高温度。
● 将面团铺平会容易升温。35℃温水的话，大约1分钟上升1℃。

将面团滚圆。将刮板放置面团侧面角度的70°位置处，从右至左笔直地按。相反方向也进行同样操作。
● 设定角度可使面团向下卷入，变圆。

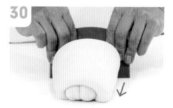

左右操作完成后，前后也进行同样的操作。

逐渐改变放置刮板的位置，将步骤29~30的一连串动作反复进行4~5回，就会整理成漂亮的面团。
● 用刮板整理比用手整理要简单。

 一次发酵

确保面团温度保持在28℃，50分钟内膨胀至2倍大。

发酵是膨胀面团的同时使其熟成的操作工程。如果遵守酵母用量和规定时间的话，发酵至2倍的时间总会一样的。发酵时间是孕育美味的重要依据，所以请遵守发酵时间吧。

在泡沫箱内倒入28℃的热水，将热带鱼用的带有恒温器的加热管调至28℃待用。
● 加热管一定要沉入水底。露出水面的话，会有着火的危险。

把步骤31的面团放入塑料容器中，将表面用拳头按平，并在其高度的位置套上橡皮筋，作为标记。
● 测量面团的高度，同时在其2倍的位置上也套上橡皮筋，作为发酵的参考。

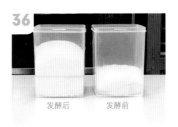

发酵后　发酵前

将放入面团的塑料容器放入到32℃的泡沫箱中，表面盖上塑料袋。

将泡沫箱盖上盖子。将温度计穿过箱盖，插入面团中。保持这种状态50分钟进行1次发酵。发酵过程中要确认温度是否保持在28℃。

如果面团温度保持在28℃，大约50分钟后会发酵为2倍大。如果没有发酵到2倍大，说明温度过低。
● 如果面团温度没有达到28℃，可以通过提高水温来调整。

 分割

不要损伤面团，尽量在少回数内完成分割。

分割是将大块面团分割成需要的大小。

面团粘手时，手上放些高筋粉，并用手指将面粉弹在操作台上（手粉，打底粉）。
● 手粉和打底粉只是在为了不让面团粘到手或操作台上受到损伤时使用。

将容器倒过来，不要损伤面团，将其放置在操作台上。首先，将面团切成长方块。使用切面刀整齐地由上至下切开。

用电子秤称量，主食餐包分割40g，黄油餐包分割45g。
● 正确称量的话，烤出的颜色不会导致参差不齐。

计量时，要将面团光滑的一面放在下面，如果重量不够的话，将小块的面团放在上面进行调节。

分割之后，放置在烤盘上，表面盖上塑料袋，防止干燥。
● 因为面团越小，面团温度下降越快，所以在分割面团的时候，最好经常用热毛巾温热操作台。

小提示

养成测量面团温度的习惯

面团温度会因气候、气温及自己的手的温度发生变化。也许会感到麻烦，但是为了制作出美味的面包，必须要经常地测量、调节温度。到养成这个习惯为止，将温度计一直插到面团上也没问题。Zopf面包店的员工们也经常拿着温度计到处走。

排气

并不是将气体排出，而是为了将气泡变得更细小。

排气并不是将气体完全排出，而是将气泡变得更细更小，使面团中的气体均匀地分散在面团之中。

42 将面团光滑的一面向上放在操作台上。

43 用紧闭手指的手掌从面团一端轻按。想象着将面团按至均匀的厚度进行操作。

● 之后，马上进行46的操作。

44
✕ 错误操作

不要用伸开五指的手按面团，这样不能均一地按面团。

● 使用同样的力度按面团最为重要。如果按面的力度不均一的话，面团内的气体就会变得不均等。

45
✕ 错误操作

过于用力地按面团，会将面团中的气体全部排出，要注意。

 滚圆、松弛时间

将面团搓成球状称为"滚圆"，让面团休息的时间称为"松弛时间"。

将面团滚圆后，会增加面团的持气能力，并可以使面团均等地发酵。而且，使面团表面光滑会是针对下步的成形操作，制作出漂亮的面包的重要一环。

"松弛时间"是为了下一步的"成形"操作更容易进行的必要时间。

46 将排完气的面包光滑面朝下地放在操作台上，纵向放置。

47 将面团前后两侧各折叠1/3。

48 将面团的方向改变90°，在从两侧各折叠1/3。

49 将折叠后的一端与下部的面团捏紧。

50 捏紧的部分朝上放在左手，将左手的拇指放在捏合部分的上部。

51

用右手的指尖，像要包入左手拇指一样将两侧的面团贴紧。

52

将面团的方向调转90°，反复进行步骤51的操作，直至呈球状。最后将面团抓紧。

53

将捏合面向下放入手中，另一只手放在面团的45°处向身体侧拉，一边转动面团一边将表面的面团向内侧卷入一样，使面团的表面扩张。

54

将面团有间隔地放在烤盘上，盖上塑料袋。

55

使用电热毯和保温垫将面团温度提高至30℃，松弛时间25℃。

主食餐包的成形

因为面团在持续发酵，所以将15个面团在20分钟内成形吧！

所谓的成形，指将面团整合成圆形、棒状等需要的形状。因为在成形过程中，面团也在持续发酵，以20分钟内完成作为目标吧。

56

主食餐包的成形方法与排气、滚圆（步骤42~53）相同。
首先，紧闭五指，从面团的一端开始按面团、排气。

57

将面团纵向放置，分别从前后两侧折叠1/3后，改变方向90°，再折叠1/3，抓住捏紧。

58

以步骤50~52的要领，将面团搓成球状。
要有使表面变得光滑的意识。

59

与步骤53的要领相同，搓滚成表面有张力的球状。（参照右侧照片）之后，进行步骤71的最终发酵。

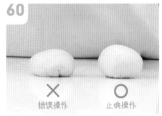

60

错误操作　　　正确操作

底部小、个头高为正确成形方法。
● 小型面包的底面积小于宽度，否则容易导热，造成烤出的面包变硬。

🐌 黄油餐包的成形

分为6个步骤成形。步骤之间要让面团休息。

黄油餐包分为草袋状→棒状→水滴状→长水滴状→扁水滴状→卷状，6个步骤成形。
面团不好延展时，使其休息2~3分钟，等待面团松弛。

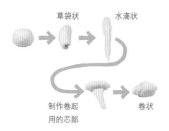

草袋状 水滴状

制作卷起 卷状
用的芯部

61 以步骤42~45的要领排气，将光滑面朝下，将面团纵长放置。

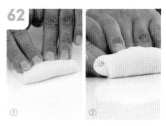

62 草袋状成形。①向身体侧折起一小部分，轻轻地向内侧推挤，卷紧。②同样再卷2次，卷完后用指尖捏紧。

63 正确操作 错误操作

草袋状成形完成。不拉紧只是简单折叠的话，就会使面团呈瘫软下垂形状。

64 成形之后，盖上塑料袋，让面团休息。
● 稍微休息之后，面团变松弛，易于下步操作。

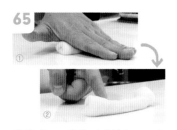

65 棒状成形。①将手掌放在面团中央，用力向下按。②反复用力3次搓滚面团，使中间变细。然后，按照中间部分的粗细将两端的面团也搓细。

66 ①将面团的一端压扁。②一边按住压扁的一端的下部，一边将另一只手搭在另一端，反复3次滚动，成为水滴状。

67 盖上塑料袋，休息2~3分钟后，一边将较细一端的面团向下拉，一边反复3次搓面团，搓后长度约为12cm。

68 ①拿起面团1/4部分。②用擀面杖向前方擀剩下的3/4部分，擀至长度约为20cm。
● 擀面杖要从身体外侧向内侧"单向"滚动。

69 ①为了防止面团回缩，先将面团从操作台上拿起来，再放回去。②从外侧向内小卷2~3次，制作芯部。

70 ①将滚动的面团缠绕在芯上。②掐紧尾部，将其向下放置在烤盘上。
● 如果不捏紧尾部，烘烤时形状会走样。

最终发酵

调节发酵时间可以改变口感。

将因成形变紧的面团松弛，在烘烤过程中达到最大限度膨胀的过程叫作"最终发酵"。

71 为了将面团温度提高至32℃，在底部垫上电热毯，盖上塑料袋防止干燥。
● 使用电烤箱的发酵功能也可以。

72 盖上保温垫，提高保温效果，将面团温度保持在32℃，发酵25分钟。
● 在电热毯和烤盘之间垫上毛巾，可以对温度进行微调整。

装饰、烘烤

重新确认烤箱的设定温度和实际温度的差异。

烤制面团的过程叫作"烘烤"。本书的烘烤温度全部为"实际温度"。因为烤箱的设定温度与实际温度之间有差别，所以要用烤箱温度计测量烤箱的内部温度，必须用实际温度进行烘烤。

73 放入烤箱之前，筛上喜欢的高筋粉也没问题。照片是主食餐包。
● 筛上面粉之后，因为面粉会反射热能，传导给面团的温度会更加柔和，烤出的面包也会更加柔软。

74 还有表面上刷蛋液的装饰方法。拿着毛刷的根部，平着使用，由下至上，沿着卷起部分刷蛋。
● 毛刷蘸蛋液之后，除去多余的蛋液。蛋液要是滴到烤盘上，就会产生烧焦的味道。

75 将主食餐包放入将实际温度预热至220℃的烤箱内，再重新将温度设定为190℃，烘烤11分钟（黄油餐包：预热温度230℃，烘烤温度200℃·13分钟）。
● 预热温度的基本为烘烤温度+30℃。

76 黄油餐包烤制完成。筛粉之后，口感变柔软。刷上蛋液后，会变得有嚼劲。

小提示

烤至侧面带有白线的话，就成功了！

面包是利用从下面的热能（下火）来烘烤的。将小型面包用高温烘烤时，上火比下火高的话，就容易导致只烤硬表皮，内部未熟的情况发生。

如果下火火力足够的话，就会使面包全体均匀地烤熟，正好在其中间部分出现白色线条（白线）。在家庭用的电子烤箱中，普遍是上端部分的下火火力最高。

黄油开口面包

Parker House Roll

19世纪起源于波士顿的黄油开口面包。涂
抹黄油之后，再折叠烤制，就会炸开接口
处。特别适合夹上牛肉饼、炸肉饼等量大
的三明治使用。

材料（约10个部分）

▼ 有黏性又松软的面团	
基本面团量（见P18材料栏）	
融化的黄油	适量
高筋粉（装饰用）	适量

擀至面团

1 请参考P19~P23步骤1~36制作面团。分割60g后搓圆，松弛（面团温度30℃·25分钟）。
2 轻按面团排气，将擀面杖放在面团中央，擀成厚度约1.5cm的椭圆形。见 **A**
3 保持距面团两端1cm部分的厚度，不要用擀面杖擀。见 **B**
● 将烤出的面包形状用嘴比喻的话，看上去像柔软的嘴唇一样最好。

面团涂抹黄油后烘烤

4 将面团纵向放置，内侧半部分涂抹融化的黄油。见 **C**
5 靠近身侧的半部分折叠在内侧部分。最好使上部的面团稍微比下半部分大一些。见 **D**
6 盖上塑料袋进行最终发酵（面团温度32℃·25分钟）
7 用糖粉筛筛上高筋粉。见 **E**

8 放入实际温度预热到230℃的烤箱中，再将温度重新设定为200℃，烘烤14分钟。
9 趁热用手分开。见 **F**

在我的店里，中间夹着自制的炸肉饼，换做牛肉饼，味道也不错。

将滚圆的面团排气，擀成椭圆形。

面团两端不要擀薄，保持原来的厚度。

将黄油涂抹在面团的一半部分。

将面团对折，露出上半部分。

最终发酵后，用糖粉筛筛上高筋粉。

烤好之后，马上分开面包。

棒状面包

Koppe Pan

夹有配菜的棒状面包可谓是繁忙的清晨和
闲暇时的重要美食。因为需要松软的烤制，
所以在棒状成形的时候不要过于用力！

材料（约10根））
▼有黏性又松软的面团
基本面团量（见P18材料篇）

* 热狗用原材料：辣味香肠＋圆白菜丝、胡
萝卜丝＋生菜、香料维也纳香肠＋德式泡菜。

热狗用的原材料根据
各人爱好和感觉不同
而不同，尽情享受将
喜欢的原材料随意组
合的乐趣吧！

准备面团，草袋状成形

1. 请参照P19~P23步骤1~36制作面团。60g分割之后搓圆，松弛（面团温度30℃·25分钟）。
2. 用手轻按排气。将光滑一面朝下纵向放置，草袋状成形（见P86）卷完之后，将接口处捏紧。见 A
3. 盖上塑料袋，松弛3分钟。

将草袋状成形为棒状

4. 面团松弛后，轻按排气。将接口处向上横置，向一侧对折。见 B
5. 将面团两端捏紧。见 C

6. 搓滚成形，长度约为15cm。见 D
   ● 搓滚时，指尖不要离开操作台。这样一来，就不会用力过度。
7. 将接口处向下放置在烤盘上，盖上塑料袋进行最终发酵（面团温度32℃·25分钟）见 E
8. 放入实际温度预热到230℃的烤箱中，再将温度重新设定为200℃，烘烤14分钟。底部也上色后，烤制完成。见 F

A 卷紧3~4回，草袋状成形。

B 轻按排气后，向一侧对折。

C 两端捏紧。

D 不要用力搓滚成形。

E 将捏口处向下放置在烤盘上。

F 表面和底部都上色后烤制完成。

豆沙大理石面包

Bean Paste Loaf

用豆沙描绘成大理石的图案。美丽图案的
秘密是将豆沙包入面团，并将3根面团编
到一起。
看上去有些难？不会不会，按照顺序做的
话，谁都可以。请用栗子馅、樱花馅等喜
欢的馅料尝试一下。

强烈推荐将其轻
烤之后涂抹黄油
食用！

材料（19.3cm×10.3cm×8.5cm的带盖的吐司模具[1]2个）

▼有黏性又松软的面团	
高筋粉	350g
食盐	7g
砂糖	42g
蛋黄	17.5g
脱脂奶粉	10.5g
即发干酵母	5.3g
水	196ml
无盐黄油	63g
▼豆沙和甜纳豆[2]	
绿色大理石：抹茶豆沙	280g/条
小豆甜纳豆	140g/条
黑色大理石：小豆豆沙	280g/条

*1 容量1500ml
*2 豆沙的量为面团的80%、甜纳豆的量为面团的40%

准备面团

1 请参照P19~P23步骤1~36制作面团，缩短一次发酵的时间（面团温度28℃·30分钟）。

2 2等分分割（约350g）。

3 用手掌按面团排气，将前后两侧的面团各折1/3后，面团调转90°，同样各折1/3。排列在烤盘上后，盖上塑料袋，放入冰箱松弛2小时（调节面团温度至13℃）。见A

将豆沙包入面团

4 将豆沙和甜纳豆各分为4份。将一半用于步骤5~6，剩下的部分用于制作步骤10。

5 用擀面杖将面团擀至15cm×40cm，将1/4的豆沙涂抹于面团中央的1/3处。抹茶豆沙的场合，将1/4纳豆均匀地撒在面团上。见B
● 将面团的边缘当作涂抹糨糊的地方留下。面团的温度保持在23℃。

6 将面团翻折1/3，在上部涂抹1/4的豆沙（豆沙上撒上1/4小豆甜纳豆）。见C

7 从内侧同时翻折面团，手掌用力按使面团与豆沙黏合。将包口处捏紧，不要露出豆沙。见D

8 盖上塑料袋松弛15分钟。

9 用擀面杖将面团擀至15cm×40cm。首先，用擀面杖将面团中央部分按至厚度为1cm左右，再从中央上下擀面，使面团的厚度均一。

10 重复5~7的操作，将豆沙与甜纳豆包入面团。

11 将面团用擀面杖擀至长度20~25cm左右。见E
● 擀面团的两端时不要用力，防止豆沙从面团中露出。

12 将面团表面稍撒些粉，对折。

首先4等分，然后再各自3等分。见F

13 等分后，展开对折的面团。见G
● 对于过短的面团，用刀将面团纵向切开，然后拉var变长即可。

3根编辫儿

14 将3根面团并排放置。从正中间向身体侧3根编辫儿4次。最好稍稍拉扯面团编制。见H

15 将面团位置颠倒，表面和底部也颠倒，同样进行4次3根编辫儿。见I

16 横向放置，左右两端各折1/3，折后按紧。见J

17 封口处朝下放入模具。见K

18 重复步骤14~17的操作，将4个面团并列放入模具中。用拳头按面团，将面团按至模具底部。见L

19 盖上塑料袋，进行最终发酵（面团温度30℃·40分钟）。

20 将模具盖上盖子，放入实际温度预热到220℃的烤箱中，再将温度重新设定为190℃，烘烤35分钟。

21 烤完后，将模具放在台上，轻敲一下。取出后，放在冷却网上冷却。

将面团折叠后长方形成形。

中央的1/3处涂抹豆沙。边缘不要涂抹。

折叠1/3，涂抹豆沙，再折。

捏紧接口处，不要让豆沙露出。

包入豆沙后，用擀面杖擀。

对折后，用刀12等分。

将对折后的面团分开。

将3根面团并排后，从中央开始3根编辫儿。

改变方向，进行3根编辫儿。

将编辫儿后的面团3折。

将接口处朝下，放入模具。

放入4个面之后，从上部向下按面团。

佛卡恰风主食面包
Focaccia Square

将配料与面团一起搅入，就会变身为意式
佛卡恰风面包。做法非常随意且有趣，建
议与孩子一起制作。采用这种做法的话，
不必担心从配料的蔬菜中流出水分。

材料（21cm×15cm×4cm的模具2个）

▼有黏性又松软的面团	
高筋粉	200g
食盐	4g
砂糖	24g
蛋黄	10g
脱脂奶粉	6g
即发酵母	3g
水	112ml
无盐黄油	36g
▼馅料	
A：菠菜、培根、 披萨用芝士	各30g
B：黑、绿橄榄	各25g
半干西红柿	30g
橄榄油	适量
盐水	水20ml+盐0.5g

准备面团与馅料

1 请参照P19~P23的步骤1~31，制作面团（面团温度28℃）。

2 将馅料A中的菠菜切碎，培根切成小块。将B中的橄榄取出子后切半，半干西红柿切末。见**A**

将面团与馅料重叠

3 将面团8等分，A和B的馅料各3等分。

4 A：把其中一块面团展开，将各1/3量的菠菜、培根、披萨芝士放在面团之上。重复以上的操作，面团与馅料共折叠7层。见**B**
● 将放在最上部的面团轻轻拉开，包住整个面团的侧面。

5 A：用切面刀2等分，重叠放置。用力向下按，使面团与馅料结合。见**C**

6 B：与步骤4、5同样，将面团与B的馅料重叠。

7 将步骤5、6放置在不同的不锈钢盆中，盖上塑料袋，进行1次发酵（面团温度30℃·50分钟）。见**D**

放入模具中

8 模具可以自制。用较厚的纸做框架（21cm×15cm×4cm），表面覆盖铝箔纸。见**E**

9 将面团从不锈钢盆中取出，排气。用刮板将面团的四面掖进中心部，整形成比框架小一圈的小四角形。

10 将9放在烤盘上，用8套上。见**F**

11 用手按面团，使之填充到框架的各个角落。盖上塑料袋，进行最终发酵（面团温度32℃·30分钟）。

装饰

12 将橄榄油涂抹在面团表面，用手指在面团表面按出几个洞。见**G**
● 手指要透过面团按至烤盘上。

13 用盐水淋面团全体。见**H**

14 放入实际温度预热到220℃的烤箱中，再将温度重新设定为190℃，烘烤19分钟。烤至底部变色。出炉后，表面涂橄榄油。见**I**

准备2种馅料。

面团与馅料重叠。

切半后重叠，从上部向下按。

放入不锈钢盆中，盖上塑料袋。

用厚纸与铝箔纸自制模具。

将模具套入面团中进行最终发酵。

涂抹橄榄油，用手指开洞。

淋上盐水之后，放入烤炉。

烤至底部变色之后，出炉。

宇治金时

Green tea & Bean Roll

可以体会抹茶香味与甜纳豆风味乐趣的日式甜面包。使用圆柱形的模具烤制，切片后的"表情"也十分丰富多彩。大粒的甜纳豆可以映衬出抹茶色的面团。

材料（直径11cm×20cm的圆柱形模具约2个）

▼抹茶面团

高筋粉	350g
抹茶（粉末）	*1 7g
食盐	7g
砂糖	42g
蛋黄	17.5g
脱脂奶粉	10.5g
即发干酵母	5.3g
水	*1 200ml
无盐黄油	63g
金时甜纳豆	*2 250g/条

*1 抹茶的量为高筋粉的2%，水量要比基本量（见P18）增加1%，约为57%。
*2 金时甜纳豆的量约为面团的70%。

准备抹茶面团

1 请参照P19~P23步骤1~36，制作面团。将抹茶与步骤5的高筋粉混合。

2 2等分分割（约350g）搓圆、松弛（面团温度30℃·25分钟）。见 **A**

包入金时甜纳豆

3 用手轻按面团排气。

4 用擀面杖将面团的宽度擀为模具长度的8成大（约16cm）。见 **B**
● 不要用擀面杖一点点儿擀，要大幅度地来回擀。

5 将面团纵向放置，撒上金时甜纳豆，用手掌轻按入面团。见 **C**

6 从身体侧卷一圈后，抓紧面团，向身体侧拉，将卷口压紧。反复这一操作，卷至最后。见 **D**

7 轻拉接口处，捏紧。见 **E**

放入模具烘烤

8 将接口处朝下，放入模具，关闭模具。盖上塑料袋，进行最终发酵（面团温度33℃·35分钟）。见 **F**

9 最终发酵后，面团大约膨胀至模具的7成。
● 在这里是为了看到里面的发酵情况才打开，实际操作中尽量不要打开模具。

10 放入实际温度预热到220℃的烤箱中，再将温度重新设定为190℃，烘烤45分钟。从模具取出后，放在冷却网上冷却。

这种面包使用金属制的圆柱形模具。因为表面为网络状，易烘烤，家用烤炉也可以使用。

将抹茶粉混入高筋粉中，揉面。

用擀面杖擀面团。面团的宽度约为模具宽度的8分。

撒上大粒甜纳豆，轻轻按入面团。

卷紧面团。

卷紧后捏紧闭口处。

放入带有金属网络的模具中。

发酵后，面团约发酵至模具的7分。

杂粮面包

Grain-rich Bread

用力咀嚼，就可品尝出杂粮的各种口感和甜味儿。将容易碎的材料混入面团时的"重叠技巧"十分有用，适合于各种面包。

与材料丰富的汤类一起食用，共同构成营养健康的美食。

材料（18.2cm×8cm×9cm的方形吐司模具*1 2个）

有黏性又松软的面团	
高筋粉	350g
食盐	7g
砂糖	42g
蛋黄	17.5g
脱脂奶粉	10.5g
即发干酵母	5.3g
水	196ml
无盐黄油	63g
煮熟的16种杂粮*2	140g

*1　容量1200ml。
*2　16种杂粮指高粱、藜麦、小豆、黑芝麻、白芝麻、薏仁米、红米、大黄米、发芽玄米、黑豆、黑米、苋米、黄米、大麦、玉米、稗子混合构成。使用自己喜欢的杂粮代替也可以。

将面团和杂粮混合

1 请参照P19~P23的步骤1~31制作面团，然后把揉好的面团4等分。煮熟的16种杂粮3等分。见 **A**

● 面团温度28℃。将煮熟的16种杂粮也加热至28℃。

2 将其中一块面团用手按平，将煮熟的1/3量的16种杂粮放在面团上。见 **B**

3 重复步骤2的操作，将面团与16种杂粮重叠7层。见 **C**

4 用切面刀切分为2块，重叠放置。用手从上向下按，使面团与材料结合。见 **D**

5 使刮板与面团成70°，将面团从四方向中央揉成圆形。见 **E**

6 将面团放入塑料容器中，表面用拳头按平。在面团的位置和其2倍高的位置上套上橡皮筋。进行1次发酵（面团温度28℃·50分钟）。见 **F**

草袋状成形

7 将面团4等分（约200g）。排气。将光滑的一面朝下放置，将前后两侧各折叠1/3。改变方向90°，同样叠叠。见 **G**

● 并不是将面团"滚圆"，只是"折叠"即可。

8 放在烤盘上，盖上塑料袋后松弛（面团温度30℃·30分钟）。见 **H**

9 蘸上手粉，按面团排气。将光滑的面朝下放置，从内侧折叠一次，轻按后拉紧卷口。同样卷2次，捏紧接口处，草袋状成形（见P86）。盖上塑料袋，松弛3分钟。见 **I**

10 再次排气，将接口处朝上，纵长放置，与9同样3次折叠，草袋状成形。见 **J**

放入模具

11 将面团放入模具。将面团分别放置在模具的两端，卷口朝模具的长侧面。进行最终发酵（面团温度33℃·35分钟）。见 **K**

● 使用泡沫箱时，将模具和塑料袋一同放入，热水倒至与面团同样的高度。

12 最终发酵后，面团膨胀。见 **L**

13 放入实际温度预热到230℃的烤箱中，再将温度重新设定为200℃，烘烤35分钟。敲打模具的底部，把面包从模具取出后，放在冷却网上冷却。

将揉好的面团4等分。

将面团按平，放上16种杂粮。

将面团与16种杂粮重叠7层。

均等切开后重叠为14层。

用刮板按面团的四周，整合。

放入容器进行1次发酵。

发酵后，反复2次折1/3。

测试温度后，松弛。

卷紧3次后，草袋状成形。

排气后再次草袋状成形。

将面团放在模具的两端，空出中央部分。

膨胀满模具后烘烤。

咖喱面包

Curry Pan

经常会有排队等待"新鲜出锅"的、"Zopf"店的人气面包。为了吃起来口感松脆，尽可能使用粗粒的面包屑。轻轻地排气，不弄破面团是操作的关键。

材料（约11个）

▼有黏性又松软的面团
基本的面团量（见P18·原材料栏）

▼其他的原材料

咖喱馅料（见P88）	605g
炸猪排	50g/个
面包屑（粗颗粒）	适量
水溶小麦粉	适量

准备面团和馅料

1 请参照P19~P23的步骤1~36制作面团。55g分割，松弛（面团温度30℃·25分钟）。

2 咖喱馅在前一天制作，放在冷库中保存。事先分为每个55g（1个量），方便以后的操作。见 **A**

用面团包馅

3 蘸上手粉后取一个面团，用手掌轻按排气。放上咖喱馅55g。见 **B**
● 如排气过于用力，将不方便包馅，需注意。

4 手掌呈凹陷形，手尽可能地拿着包馅匙的根部，水平地贴着馅料，按入馅料。一边转面团，一边重复以上动作（见P87）。见 **C**
● 制作猪排咖喱面包的时候，在咖喱馅上放一份炸猪排（50g），然后同样包馅。

5 将面团的边缘聚集到中央，然后捏紧。见 **D**

6 将接口向下放置在烤盘上，用手轻轻按平。

7 盖上塑料袋，进行最终发酵（面团温度32℃·25分钟）。

蘸上面包屑，油炸

8 将面团放入水溶小麦粉，然后蘸上面包屑。见 **F**
● 蘸上水溶小麦粉后，就会防止在油炸过程中出现面团破裂、导致面团内部吸油过多的现象发生。

9 接口朝上放入170℃的油中，膨胀后，用筷子将面团捅开若干个洞。见 **G**

10 油炸30秒后，翻面，同样的用筷子捅出若干个洞。油炸30秒后，再翻面。重复这样的动作，共计油炸5分钟。
● 如果一次炸很多面团的话，油的温度就会下降，炸出的面包就不会脆。
● 对于猪排咖喱面包，可以在炸好的面包上放上西芹末等做区分。

如果不油炸，用烤箱烤得话，就变成"烤制咖喱包"。烤制的时候，也请将面团捅开小洞。

将咖喱馅每个分为55g。

在经过轻轻排气后的面团里放上咖喱馅。

水平地拿着包馅匙，包入咖喱馅。

将面团的边缘聚集至中央处，包入咖喱馅。

放在烤盘上，轻轻按平。

按顺序蘸上水溶小麦粉、面包屑。

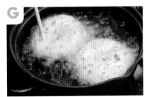

用筷子将面团捅开空洞，正反面共计油炸5分钟。

莫扎里拉奶酪和双色迷你西红柿

蓝纹乳酪和土豆

牡蛎、白葱、卡芒贝尔软干酪

帕贝壳披萨

Pre-baked Pizza

"帕贝壳"是半熟的意思。为什么是半熟
呢？披萨最美味的时候，才是最想品尝的
时候。揉面，然后再发酵。早就迫不及待
了吧！用这个配方制作的话，10分钟就可
品尝美味了。

材料（约8张）

▼有黏性又松软的面团
　基本的面团量（见P18·原材料栏）
▼配料例
　蓝纹乳酪和土豆
　牡蛎、白葱、卡芒贝尔软干酪
　莫扎里拉奶酪和双色迷你西红柿

制作面团，擀面

1 请参照P19~P23步骤1~36制作面团。70g分割滚圆，盖上塑料袋松弛（面团温度30℃·25分钟）。

2 放在撒上面粉的操作台上，轻按排气。见 A
● 撒上面粉后的操作合会变滑，便于后面的操作。

3 一边转动面团，一边用擀面杖擀成直径12cm的圆形。见 B

烤至半熟后冷冻

4 放在烤盘上后，用叉子将面团戳出洞。盖上塑料袋，进行最终发酵。（面团温度32℃·25分钟）。见 C

5 放入实际温度预热到190℃的烤箱中，再将温度重新设定为160℃，烘烤17分钟，烤至底部薄薄上色。见 D

6 放在冷却网上冷却后，用塑料袋等包裹后冷藏。

放上配料，烘烤

7 在冷冻面团上放上喜欢的配料（配料例见右表）。见 E

8 放入实际温度预热到250℃的烤箱中，再将温度重新设定为220℃，烘烤5~8分钟，烤至黄褐色。见 F

装饰配料例

▼蓝纹乳酪和土豆
1 将煮熟的土豆厚约5mm切片。
2 在披萨面团上涂抹色拉酱后，摆上土豆片。
3 将法国产的圆筒形芝士（风味强烈的蓝莓芝士）掰成小块撒在上面，撒上胡椒粉后烘烤。

▼牡蛎、白葱、卡芒贝尔干乳酪
1 将白葱切丝，用猪油轻炒。
2 将牡蛎放入平底锅后开火，尽量不要晃动平锅，使水分充分挥发。放入用少量味淋酒搅拌的日式酱，煮熟。
3 将切至约2cm厚的卡芒贝尔干乳酪放入平锅内的空隙处，加热。
4 将步骤1的白葱轻炒后，撒在披萨面团上，再将牡蛎和卡芒贝尔干乳酪放在上面，烘烤。

▼莫扎里拉乳酪和双色迷你西红柿
1 将披萨面团上薄薄地涂抹上披萨酱。
2 放上切片的莫扎里拉乳酪、切至厚度约5mm的红黄两色的西红柿，再撒上罗勒叶末，烘烤。

A 用手轻按面团排气。

B 边转动面团边用擀面杖将面团擀至圆形。

C 用叉子将面团戳出洞。

D 烤至底部略微上色后，冷冻保存。

E 将喜欢的配料放在冷冻面团上。

F 放入烤箱中，烘烤5~8分钟即可。

甜酸奶油条状面包
Sweet and Sour Bread

包入酸奶一样的糊状配料的这款面包，烤制出的香味非常特别。口感轻快、湿润，好像丹麦吐司一样。将柔软的糊状配料包入面团的秘诀牢记吧。

材料（17.5cm × 8cm × 4.5cm 的纸制棒状模具3条）

有黏性又松软的面团	
高筋粉	250g
食盐	5g
砂糖	30g
蛋黄	12.5g
脱脂奶粉	7.5g
即发干酵母	3.7g
水	140ml
无盐黄油	45g
甜酸味糊状配料（4条量）	
无盐黄油（恢复常温）	100g
酸奶油	20g
转化糖或者液糖	10g
蛋黄	5g
糖粉（过筛用）	25g

将面团放置冰箱松弛

1 请参照P19~P23步骤1~31制作面团，将1次发酵控制在30分钟以内。160g分割，排气。从前后两侧各折叠1/3，调转90°，同样各折叠1/3。见 A

2 放置在烤盘或者托盘上，轻按表面。盖上塑料袋后，放置冰箱松弛2小时。见 B
● 使面团的温度慢慢降至13℃。急速冷冻的话，会导致酵母停止活动。

制作甜酸酱料

3 将原材料按照材料栏的顺序放入不锈钢盆中。每加一种材料，都需用搅拌器充分搅拌。放入冰箱中冷藏。见 C
● 将甜酸馅料涂抹在面团上

4 蘸上手粉，并将操作台上撒上面粉，放上2的面团。用擀面杖将面团擀至15cm × 25cm。成形过程中，保持面团的温度为23℃。见 D
● 首先用擀面杖按面团的中间部分，决定厚度，然后擀前后两侧。反面也要擀。

5 将面团的2/3涂抹酸甜酱40g。但是要保留边缘部分1cm不涂抹。放置在托盘等处后，盖上塑料袋，放置于冰箱内冷却至凝固。见 E

6 将面团放置在操作台上，折两次。从没有涂抹酱料的一边开始折叠。见 F

7 将边缘处捏紧，避免酱料从中漏出。见 G

用擀面杖擀面团

8 在操作台上撒粉后，将面团接口处向上放置。用擀面杖将面团中央处按至1cm厚，再向身体侧、内侧滚动擀面杖，擀至与中央处厚度相同。见 H
● 为了避免酱料从面团中流出，将擀面杖擀至快到面团两端前一点即可。最后，用擀面杖从两端向身体侧，将聚集到两端的酱料向中央擀。

9 将面团调转90°，然后把宽度擀至模具长度的8成（14cm）。见 I

将面团放入模具，装饰

10 将面团纵向放置。从内侧卷一次，轻按，搓紧做芯部。卷起面团，捏紧接口处。见 J

11 像切圆环状物体一样在面团表面均一地切开7个刀口。见 K
● 不要完全切断，保证最下面的面团完整。最好稍微抬起刀的把手处再切。

12 将面团放置于模具中。进行最终发酵（面团温度26℃・75分钟）。放入实际温度预热到210℃的烤箱中，再将温度重新设定为180℃，烘烤30分钟。见 L

将一次发酵后的面团折叠1/3。

放入冰箱中松弛，面团温度13℃。

制作甜酸酱夹心馅料。

用擀面杖擀至25cm × 15cm。

将C的馅料涂抹至2/3的面团。

从没有涂抹馅料的面团处开始折两次。

捏紧面团的边缘处。

用擀面杖擀至厚度1cm。

将面团的宽度擀至模具的8成。

制作芯部后，卷起面团。

保留最下部的面团不切断，用刀切口。

将面团放置于模具中。

照烧鸡排面包

Teriyaki Chicken Pan

放入特制照烧鸡排的这款面包，作为孩子们的零食非常搭配。最后浇在烤肉上的蘸料是味噌酱。在鸡肉的底部铺上圆白菜丝。

材料（直径9cm×8cm×3cm的纸杯约12个）

- ▼ 有黏性又松软的面团
  基本的面团量（见P18·原材料栏）
- ▼ 装饰配料

照烧鸡排（见P88）	600g
酸奶油	180g
沙拉酱	240g
芝士	60g
烤肉用蘸料	适量
蛋液（上色用）	适量

将面团从草袋形搓成绳形

1 请参照P19~P23步骤1~36。50g分割滚圆，松弛（面团温度30℃·25分钟）。

2 将面团的光滑面朝下放置，草袋状成形（见P86）。盖上塑料袋松弛3分钟左右。

3 将2的面团横向放置，用手搓成长度20cm左右的棒状。（见P86）
   ● 如果不容易搓长的话，整形过程中将面团松弛2~3分钟。

4 再次将面团搓成长度约30cm的绳状（见P86）。见 A

花状成形

5 将面团的两端圆环状成形，将长的一段放在上面。见 B

6 将长的面团从下部缠绕圆环形。这是第一回的结。见 C

7 再次从下部缠绕圆环形编结。这是第二回。见 C
   ● 安排好面团的缠绕位置，将突出的山形部分等距离地放放。

8 将面团的两端捏紧，花状成形。见 E

9 将面团翻过来放入纸杯。盖上塑料袋，进行最终发酵。（面团温度32℃·25分钟）

放上装饰配料烘烤

10 用毛刷给面团涂抹鸡蛋液。见 F

11 将圆白菜丝、沙拉酱切成2cm大小的照烧鸡排、芝士，按照顺序放在面团上。见 G

12 放入实际温度预热到230℃的烤箱中，再将温度重新设定为200℃，烘烤15分钟。

13 出炉后，淋上烤肉蘸料。见 H

> 圆白菜丝、沙拉酱和照烧鸡排是黄金组合。

将面团搓成30cm左右的绳状。

在面团的一端制作成圆环状。将长的一段放置在上部。

将长出的部分从下部缠绕，结死结。

在C的旁边再次结死结。

捏紧面团的两端部分，花状成形。

最终发酵后，用毛刷涂抹蛋液。

放上配料。

出炉后，淋上烤肉蘸料。

纸杯面包

Deli-Cup Pan

将配料满满地塞在杯状成形的面团上，这样就可成为日常饮食的一道佳肴。这种面包的魅力之一，就是悉心研究的自制馅料。在这里将公开这些配方。

茄子与莫扎里拉干乳酪

白芸豆和香肠的炖制品

海鲜类西式白酱炖菜

鹰嘴豆咖喱

材料（直径9cm×3cm的纸杯约12个）

▼有黏性又松软的面团
　基本的面团量（见P18·原材料栏）
▼配菜
　海鲜类西式白酱炖菜（见P88）
　白芸豆和香肠的炖菜（见P88）
　茄子与莫扎里拉干乳酪（见P88）
　鹰嘴豆咖喱（见P89）

准备面团

1　请参照P19~P23的步骤1~36制作面团。55g分割滚圆，松弛（面团温度30℃·25分钟）。

2　放置在撒有面粉的操作台上，轻按排气。见 A
　● 撒上面粉后，易于滚动面团，方便后面的操作。

将面团擀成圆形垫入纸杯中

3　一边转动面团一边用擀面杖擀，尽可能擀至成圆形。见 B

4　将面团的大小擀至比纸杯大一轮。见 C

5　将面团放入纸杯，用指尖将面团紧紧按入纸杯，不要留间隙。见 D

6　将面团边垫入至纸杯边缘的状态。见 E

7　盖上塑料袋，进行最终发酵。（面团温度32℃·25分钟）放上配菜放入烤箱。

放上装饰配菜烘烤

8　最终发酵后，面团柔软地膨胀起来。见 F

9　放上喜欢的配菜，放入实际温度预热到220℃的烤箱中，再将温度重新设定为190℃，烘烤18分钟。见 G

请尝试将鸡蛋沙拉、牛肉饼等自己喜欢的配菜自由组合。

A

将搓圆的面团排气。

B

一边转动面团，一边将面团擀成圆形。

C

将面团的大小擀制成比纸杯大一圈。

D

将面团放入纸杯中，用手指压紧。

E

将面团不留间隙地紧压入纸杯的底部及侧面。

F

发酵后，面团充分膨胀。

G

将自己喜欢的配菜自由地搭配进行烘烤。

用主食餐包制作三明治

　　主食餐包（见P18）并不只适合于主食，制作成三明治也一样美味。包入的材料可根据自己的喜好。随意地夹入火腿、蔬菜、拌有沙拉酱的凉菜、鲜奶油及水果，开场三明治聚会也会很有趣。

火腿三明治

将主食餐包横着切开，夹入生菜、火腿、片状芝士、苜蓿。苜蓿清脆的口感与有黏性又松软的面包非常搭配。

香蕉奶油三明治

从主食餐包的正上方切口，挤入鲜奶油。斜着放入切成片的香蕉，如果淋上巧克力酱的话，就成为了甜品三明治。

即好咀嚼又柔软

用爽口又柔软的面团制作的

良好的口溶性
是其魅力所在

15 种面包

砂糖球面包和辫子面包

Sugar Ball
&
Zopf

材料（分量约为砂糖球面包18个 或者辫子面包4条）		烘焙百分比
高筋粉	300g	100%
食盐	6g	2%
砂糖	66g	22%
蛋黄	90g	30%
即发干酵母 （燕子金色包装）	6.9g	2.3%
水	108ml	36%
无盐黄油（常温）	66g	22%
▼砂糖球面包装饰		
融化的黄油 *1（无盐）		适量
肉桂粉砂糖 *2		适量
▼辫子面包的装饰		
蛋液（上色用）		适量
杏仁片		适量
糖粉		适量

*1 使用融化黄油的澄清的部分（透明的部分），会
得到更好的风味。

*2 将砂糖内混入22%的肉桂粉制成。

爽口又柔软的面团的特征是口溶性好并且柔软易咀嚼。

与P18的有黏性又柔软的面团制作的最大的区别是：将黄油在最初阶段就混入面团，"不要揉过度"完成揉面。在恰到好处的时候停止揉面是这种面团的最大特征。面包容易让人觉得"越揉越好"，但请通过这种"不过度揉"的面团，来体会面包制作的更进一步的乐趣吧。

 出炉前的时间表

制作美味的面包有2个基本条件——温度和时间。

管理面团温度，按照规定时间内制作出来的话，就可以制作出与专业人士一样的味道！如果在各个环节花费了过多的时间，面团的状态就会发生变化，按照这个时间表为标准进行制作吧。

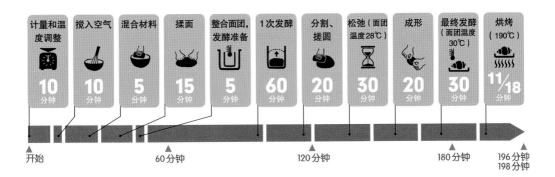

计量和温度调整	搅入空气	混合材料	揉面	整合面团、发酵准备	1次发酵	分割、搓圆	松弛（面团温度28℃）	成形	最终发酵（面团温度30℃）	烘烤（190℃）
10分钟	10分钟	5分钟	15分钟	5分钟	60分钟	20分钟	30分钟	20分钟	30分钟	11/18分钟

开始　　　　　60分钟　　　　　120分钟　　　　　180分钟　　　196分钟　198分钟

 计量和温度调节

首先要正确地计量。计量食盐和酵母的微量秤是必需品。

原材料正确称量。特别只是微量使用的食盐和酵母，一定要使用以0.1g为单位计量的微量称。为了保证面团温度保持在28℃，要计算出室内温度、面粉温度及算出水的温度。

使用电子秤分别计量高筋粉、砂糖、蛋黄、水、无盐黄油。

使用微量秤分别计量食盐、酵母。
● 酵母等材料，即便有0.1g的差别也会对最终制品产生影响，必须使用微量称计量。

将用水淋湿的毛巾放入塑料袋中，使用微波炉加热到40℃后，放置在操作台上。
● 热毛巾除了夏天以外，基本上都需要用到。

以确保面团的温度到达28℃为目标，测量室内温度和面粉温度，以下面的公式为参考调节水温。
●（室内温度+面粉温度+水温）÷3 = 28℃。

搅打

充分搅打，使空气进入其中。

这种面团在初期阶段混入黄油，不用摔打完成揉面。这就是得到爽口又柔软的秘诀。用搅打代替敲打面团，可以搅入酵母活动所需的大量空气。

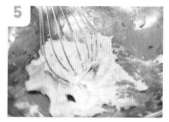
5

将恢复到常温的黄油放入不锈钢盆中，用打蛋器充分搅拌，使之达到光滑柔软的状态。
● 将其搅拌至易与其他材料混合的状态。

6

变软之后加入砂糖、盐进行混合。
● 变成一块块的状态。

7

将蛋黄分为3次加入，每次都要用搅蛋器充分搅拌。
● 一次性加入的话，不易于搅拌。

8

用刮刀将蛋黄聚集到一起，全部使用。
● 不仅限于蛋黄，原材料毫无剩余地使用是非常重要的。

9

打发。持续打发至发白，蓬松的奶油状。
● 在此，搅打入大量空气。当空气进入之后，就会变白。

 混合

注意混合的顺序！

混合分为3个阶段进行。
① 为了搅入空气，混合面粉。
② 将酵母溶于水。
③ 将所有的材料混合。
不要投机取巧，弄错顺序是最重要的。水和油即便不均匀混合也没关系。

10

将高筋粉用打蛋器充分混合。如果粉的温度过低，要在不锈钢盆的下部垫上热毛巾。
● 通过混合可以搅入空气（氧气）。是使酵母菌繁殖增长不可或缺的要素。

11

将酵母放入调节好温度的水（温水）中，搅拌后溶解。

12

将酵母水放入步骤9之中，轻轻搅拌。
● 因为是水和油，即使不均匀混合也可以。

13

将步骤10的粉加入到12当中，用刮板铲起面团，折入上部混合。
● 不是"将水放入粉中"，而是"将粉放入水中"是操作的关键。最好尽快地将面团与水融合。

14

混合至水分被面粉吸收至看不见为止。
● 残留有未混合的面粉也没关系。

🍚 揉面

注意不要揉太久。

揉至100回即可。这种面团爽口易于咀嚼是其长处。因此，不可以使面筋太软。

重要的是"不要揉太久"。揉面的标准最多在100回。面团表面出现光泽后，进行下步操作。

15

将面团放在操作台上。呈一粒粒散开的状态。

16

使用刮板的直线部分铲起面团聚集。

17

再用另一只手按面团。

● 按在上面的手指要紧闭。如果使面团过于分散的话，就会在面团温度下降的同时，造成面团表面干燥。

18

在重复进行折入和按压的操作过程中，面团就会自然地产生弹力和整合到一起。

19

面团整合后，集中全身的力气用双手揉面。首先，将面团拉起至身体侧。

20

从身体侧向前按。到出现光泽为止，重复进行拉起面团后向前按的操作。

● 揉面回数，最多控制在100回。不要过度。

21

操作过程中，要时常确认面团温度是否达到28℃。

● 如果没有达到28℃，用热毛巾（30℃左右）温热操作台。

22

揉面不足

揉好的时机，可以通过拉伸面团来确认。如果轻轻一拉就破裂的话，说明揉面程度还不足。

23

面团揉好

薄薄地拉开后会破洞，但揉至面团可良好的伸展即可。

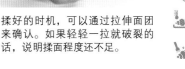

整合面团

用刮板整合面团。

用手整理又黏又软的面团不太容易，但使用刮板的话，谁都可以轻松地整合面团。从四方按压的话，自然就会成圆形。

将刮板呈70°贴着面团，笔直地推面团。先从身体侧开始推。
● 设定角度可使面团向下卷入，变圆。

从相反侧也同样推面团，向下卷入。

同样，这次按面团的左右两侧。首先，从左向右按。

从右向左按。逐渐改变放置刮板的位置，将一连串的动作反复进行4~5回，就会整成圆形。

确认面团温度是否达到28℃。如果没有达到28℃，将面团放入塑料袋中铺平，浮在35℃的温水中提高温度。

 一次发酵

确保面团温度保持在28℃，60分钟内膨胀至1.8倍大。

发酵是膨胀面团的同时还会使其熟成的步骤。如果遵守酵母用量和规定时间，发酵的时间总会一样的。遵守面团温度和时间是通向美味的近路。不要随意地缩短或者延长时间。

向泡沫箱内灌入28℃的热水，将热带鱼用的、带有恒温器的加热管调至28℃备用。加热管一定要沉入水底。
● 露出水面的话，会有着火的危险。

把步骤28的面团放入塑料容器中，将表面用拳头按平，并在其高度的位置套上橡皮筋作为标记。
● 测量面团的高度，同时在其1.8倍的位置上也套上橡皮筋，作为发酵的参考。

将放入面团的塑料容器放入到泡沫箱中。

盖上盖子。将温度计穿透过箱盖，插入面团。保持这种状态60分钟进行1次发酵。发酵过程中要确认温度是否保持在28℃。

发酵前　　发酵后

如果面团温度保持在28℃，60分钟后会发酵为1.8倍大。如果没有膨胀，说明温度过低。
● 如果面团温度没有达到28℃，延长10分钟以内没有问题，也可以通过提高水温来调整。

分割

不要损伤面团，尽量在少回数内完成分割。

分割是将大块面团分割成需要的大小。

在手上蘸些高筋粉，并用手指将面粉弹在操作台上（手粉，打底粉）、将面团切成长方块。
● 切面刀不要前后移动，要从上部笔直地切下。

用电子秤称量，砂糖球面包35g，辫子面包40g（4个为一条）分割。
● 分割时盖上塑料袋，防止面团干燥。

计量时，要将面团光滑的一面放在下面，如果重量不够的话，将面团的小片放在上面进行调节。

分割之后，放置在烤盘上，表面盖上塑料袋，防止干燥。
● 因为面团越小温度下降越快，根据需要最好用热毛巾温热操作台。

排气、滚圆、松弛

并不是将气体排出，而是为了将气泡变得更细小。

排气并不是将气体完全排出，而是将气泡变得更细小，使面团中的气体均匀地分散在面团之中。

将面团光滑的一面向上放在操作台上。用紧闭手指的手掌从面团一端轻按。
● 如果按扁的话，内部气体就会全部被排出。想象着将面团按至均匀的厚度进行操作。

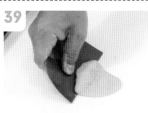

排气后，用刮板将面团取出。
● 因为面团过软，所以用手拿的话，会因拉扯容易造成面团损伤。

将面团搓成球状称为"滚圆"；让面团休息的时间称为"松弛时间"。

将面团滚圆后，会增加面团的持气能力，并可以使面团均等地发酵。而且，使面团表面光滑是针对下步的操作，也是制作出漂亮的面包的重要一环。"松弛时间"是为了下步的"成形"操作更容易进行的必要时间。

将面团光滑一面向上，纵向放在操作台上。
● 意识到"光滑面"这点非常重要。"光滑面"要像表皮一样包住面团的全体，才能制作出漂亮的面包。

从面团前端折1/3。

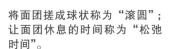

42

再从面团后端折1/3。

43

将面团调转90°，分别从前后两侧各折1/3。

44

将卷起部分与下部的面团捏到一起。最后将集中在一起的面团抓紧。

45

左手拿面团，将左手的拇指放在闭口处。

46

用右手的指尖，像要把左手拇指包入一样，聚集两侧的面团。

47

将面团的方向调转90°，重复步骤46的操作，揉成球状。

48

将聚集到中央的面团捏紧。

49

闭口处向下放于手中，另一只手呈45°贴着面团向身内侧拉，一边转动面团，一边使面团的表面扩展，披入底部。

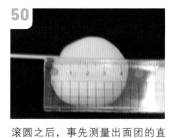

50

滚圆之后，事先测量出面团的直径，之后可以易于了解面团的膨胀变化。

● 砂糖球面团，松弛前的直径是4.5cm。

51

将面团之间空出间隔放在烤盘上，盖上塑料袋。

● 空出间隔是为了使面团发酵时不会粘到一起。

52

面团温度保持在28℃，松弛30分钟。

使用电热毯和保温垫调节温度。

砂糖球成形

只将面团搓圆成形，就可以制作出柔软口感的面包。

成形指将面团整合成圆形、棒状等需要的形状。因为在成形过程中，面团也在继续发酵，目标在20分钟以内完成。将其搓为能纯粹地发挥其独特口味的球状。

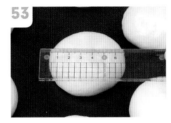

53 松弛后，面团约膨胀至2倍大小。
● 直径4.5cm的面团，膨胀至7cm左右。

54 用紧闭手指的手掌从一端开始轻按面团排气。
● 不要因用力过猛将气体全部排出。

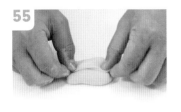

55 将面团的光滑面向下纵向放置，从前后两侧各折1/3，折后捏紧闭口处。

56 与步骤45~48的相同要领搓成球状。

57 用与步骤49相同要领，滚成表面光滑扩张的球状。
● 尽可能整形至面团的腰部。

辫子面包成形

用4根面团编出5个山形。

"Zopf"在德语中是编织的意思。因为想烤出给人感觉体积很大的面包，所以没采用3根编制，采用了4根编制。

58 用紧闭五指的手掌，从一端开始轻按面团排气。

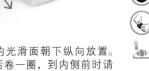

59 将面团的光滑面朝下纵向放置。从前向后卷一圈，到内侧前时请按捏紧卷口处。

60 与步骤59相同的要领折3回后，成草袋状。最后，用指尖将面团弄破，黏合面团。

61 成形后，盖上塑料袋，保持28℃松弛2~3分钟。
● 松弛后，面团变松软，易于下部的操作。

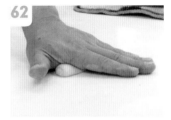

62 将草袋状整形为棒状。先将手掌从上向下按草袋的中心部分。

63

将指尖贴在操作台上来回搓滚3次。

64

只将中心部搓细。

65

将双手的手掌放在面团的两端一边向下按，一边将指尖紧贴操作台将面团搓至长度为30cm左右。
● 如果面团不易伸展的话，途中松弛一下。

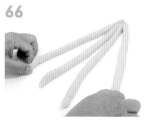
66

用4根为一组编辫。首先，将4根面团的一端捏紧。然后将4根面团的另一端分开放置。

67

正确的编法

编法①：开始的第一编，将中央的2根的左边一根放在上部交叉。
● 为使重叠的部分（山）变高，将交差重叠的部分系紧是关键。

68

错误的编法

编法过于松散的话，山形看上去就不会很高，烘烤后体积就不会变大。

69

编法②：将最右侧的面团放在最左侧的面团的内侧。编法③：将最左侧的面团放在最右侧的面团的内侧。将编法①②③为一组。重复这些操作编辫。

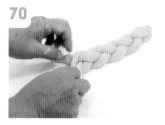
70

最后编成5座山形是最理想的。

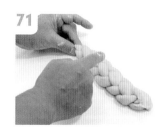
71

编完后，在面团一端不显眼的地方捏紧。

 最终发酵

调节发酵时间，就会改变面包的口感。

将"成形"后过紧的面团松弛，在烘烤过程中，使之最大程度膨胀的过程称为"最终发酵"。如果要制作柔软面包的话，可将发酵时间延长2成，要紧密口感的话缩短2成时间。

72

砂糖球面包：将步骤57的面团有间隔地放置在烤盘上。盖上塑料袋后放在电热毯上，再盖上保温垫，将面团的温度提高至30℃后发酵30分钟。

73

辫子面包：将编好的步骤71的面团有间隔地放置在烤盘上。与72相同的要领，将面团的温度提高至30℃后发酵30分钟。

🖌️ 装饰

涂抹蛋液,增添一分美味的感觉。

辫子面包要涂抹蛋液后烘烤。涂抹蛋液后会出现光泽,表皮也会更有嚼头。

74

用毛刷给最终发酵后的面团涂抹蛋液。将毛刷蘸上蛋液后,除去多余的蛋液。
● 如果蛋液滴到烤盘上,会使面包带有烧焦的味道,要注意。

75

将杏仁片撒在面团中央。

🍞 烘烤、装饰

重新确认烤箱的设定温度和实际温度的差异。

烤制面团的过程叫作"烘烤"。本书的烘烤温度全部为"实际温度"。因为烤箱的设定温度与实际温度之间有差别,所以要用烤箱温度计测试烤箱的内部温度,必须用实际温度进行烘烤。

76

砂糖球面包:放入实际温度预热到220℃的烤箱中,再将温度重新设定为190℃,烘烤11分钟。烤至底部上色,侧面呈白色,说明下火适宜,可柔软烤制出来。

77

砂糖球面包:趁热涂抹上融化的黄油。在面包下部的烤盘上也涂抹上黄油,使面包底部也沾上黄油。

78

砂糖球面包:将肉桂味砂糖放入不锈钢盆中,尽快放入面包使其全体沾满砂糖。

79

辫子面包:将面团放入实际温度预热到220℃的烤箱中,再将温度重新设定为190℃,烘烤11分钟。
● 预热温度为烘烤温度+30℃
● 烤至底部上色

80

放在冷却网上冷却,凉了之后筛上糖粉。

水果格雷派

Fruit Galette

薄圆形的甜点格雷派。使用爽口又柔软面团的话，就可以做出这样的甜点。涂抹上酸甜味的奶油，放上喜欢的水果或坚果烘烤吧。为了不使其中的奶油流淌出来，将圆周部分反向折高是重点。

材料（约11个）

▼爽口又柔软的面团	
基本的面团重量（见P52·材料栏）	
▼酱料	
克里姆酱（见P87）	220g
酸奶油	110g
个人喜欢的水果或坚果*1	适量
蜂蜜蛋糕或海绵蛋糕的碎屑*2	适量
▼装饰	
镜面果胶*3	适量
糖粉	适量

*1 左侧照片中的馅料，从下至上分别为"苹果+杏仁"、"树莓+巧克力+开心果"、"香蕉+猕猴桃"。
*2 是将蛋糕搓成散碎的屑状。如果有的话便于使用（没有的话可以制作）
*3 为了显现光泽，可以在市场购买烘焙原材料，也可以将杏仁果酱稀释后代用。

将面团整成圆形

1 请参照P53~P57的步骤1~33制作面团。60g分割滚圆，松弛（面团温度30℃·30分钟）。

2 放置在撒有面粉的操作台上，轻按排气。见 **A**

3 用擀面杖擀成直径15cm的圆形。见 **B**
● 用手转动面团，尽可能擀至成正圆形。

将边缘反向折叠

4 将边缘的5mm部分向内侧折叠做成台状。再返折一周将边缘部分叠高。见 **C**

5 用叉子的尖部平着将折入内侧面团的边缘向下按一周。见 **D**

6 放在烤盘上，用叉子戳洞。见 **E**

7 盖上塑料袋，进行最终发酵。（面团温度32℃·30分钟）

制作馅料挤入

8 将克里姆酱和酸奶油放入不锈钢盆中，用打蛋器将其全体混合。见 **F**

9 挤入最终发酵后的8中（30g/个）。见 **G**
● 可以用匙等将其抹平。

放上水果或坚果烘烤

10 如果有的话，撒上蜂蜜蛋糕或海绵的碎屑。见 **H**
● 可以起到吸收水果水分的作用。如果放入的话，会制作出更加漂亮的面包。

11 将个人喜好的水果或坚果漂亮地摆在上面。见 **I**
● 将不容易烤熟的水果切片使用。

12 将面团放入实际温度预热到220℃的烤箱中，再将温度重新设定为190℃，烘烤16分钟。

13 出炉后，在水果上涂抹镜面果胶，在四周的面团上筛糖粉。

A 将重量为60g滚圆的面团排气。

B 用擀面杖擀成15cm的圆形。

C 将边缘5mm部分向内侧折叠。

D 折叠2次后，用叉子按入。

E 用叉子将面团的底部戳洞防止气泡。

F 混合克里姆酱和酸奶油。

G 在面团的凹陷部分挤入馅料。

H 撒上蜂蜜蛋糕和海绵蛋糕的碎屑。

I 摆上水果或坚果，190℃烤16分钟。

豆子面包

Beans Roll

因为混入了与面团一样重的甜纳豆，掰开爽口又柔软面包，一定会从其中滚出甜纳豆。混入大量材料的时候，事先要定好分几次混入。在这里分3次混入，最后将一张薄薄的面团盖在表面完成。

材料（约14个）

▼爽口又柔软的面团	
基本的面团重量（见P52·材料篇）	
▼馅料	
个人喜好的甜纳豆	45g/个
蛋液（上色用）	适量

放入大量的由甜豌豆、小豆、金时豆、黑豆等组合而成的甜纳豆是关键。

准备面团和甜纳豆

1 请参照P53~P57的步骤1~33制作面团。45g分割滚圆，松弛（面团温度28℃·30分）。
2 将甜纳豆分为3部分放置。见 A

包入甜纳豆

3 将其中一部分的甜纳豆放入小不锈钢盆中。
4 将1的面团闭口处朝下放入3的不锈钢盆中，用手按下粘上甜纳豆。见 B
  ● 不要按面团排气，而是保持原样放入不锈钢盆中。
5 将面团翻面，粘上1/3的甜纳豆即可。见 C
6 将面团的四周向中间部分集中包入甜纳豆，捏紧闭口处。见 D

7 再重复两次4~6的操作，将一分量的甜纳豆全部包入面团。见 E
  ● 用一张薄薄的面团盖在表面包裹面团，防止甜纳豆从面团中露出来。如果露出来的话，在烘烤中就会烤焦。

发酵后烘烤

8 将面团有间隔地放置在烤盘上，盖上塑料袋进行最终发酵（面团温度30℃·30分钟）。
9 用毛刷涂抹蛋液。见 F
10 将面团放入实际温度预热到220℃的烤箱中，再将温度重新设定为190℃，烘烤15分钟。

将甜纳豆分为1份45g。

将面团粘上甜纳豆。

将1/3的甜纳豆粘在面团上。

将面团从周围聚集到一起。

分3次将45g的甜纳豆包起呈薄皮状。

用毛刷涂抹蛋液，190℃烘烤15分钟。

迷你豆沙包

Small Bean Paste Buns

用1~2口就能吃掉的迷你型豆沙包。因为面团像薄皮一样，所以豆沙的口感更加突出。小巧可爱的形状非常适合于装在礼品盒中或随身携带的物品中。多制作些，掌握包馅的方法吧。

材料（约43个）
▼爽口又柔软的面团
基本的面团重量（见P52·材料栏）
▼馅料
个人喜好的豆沙馅* 35g/个
▼装饰
黑·白芝麻，绿·白罂粟子 适量
蛋液（上色用） 适量

* 小豆粒馅、小豆豆沙、芝麻豆沙、绿豌豆豆沙、抹茶豆沙等。

准备面团和甜纳豆

1 请参照P53~P57的步骤1~33制作面团。15g分割滚圆，松弛（面团温度28℃·30分钟）。

2 将豆沙分成35g放置。见 A

包馅

3 用手按面团轻轻排气。将光滑面向下放于手掌，再将2的豆沙放在上面。见 A

4 将手掌呈凹陷形，用包馅匙将豆沙按入，面团就会自然凹陷，豆沙就会在里面了。见 B

5 圆形：重复转动面团、用包馅匙向下按的操作。将面团的边缘聚集到中间，捏紧。见 C
● 馅料的包法见P87

6 树叶形：用步骤3、4的要领将豆沙装入面团中，然后对折闭口。见 D

7 树叶形：捏成像饺子一样的形状。将边缘处捏紧。见 E

粘上芝麻与或罂粟子

8 将毛巾用水淋湿。将5的面团的光滑面按在湿毛巾上弄湿，在湿润处沾上芝麻或罂粟子。见 F

9 将步骤7和步骤8的面团的闭口处朝下放置烤盘上，用手轻按整形。用刀的尖部切开2个小口。见 G

涂蛋后烘烤

10 盖上塑料袋进行最终发酵（面团温度30℃·30分钟）。

11 用毛刷涂抹蛋液。见 H
● 避开有芝麻或罂粟子的地方涂抹。

12 将面团放入实际温度预热到220℃的烤箱中，再将温度重新设定为190℃，烘烤8分钟。

用包馅匙将豆沙放在面团上。

手掌凹陷，用包馅匙按下豆沙。

圆形：将面团的边缘部分集中到中间捏紧。

树叶形①：捏紧对折面团闭口处。

树叶形②：捏紧闭口处。

将弄湿的面团沾上芝麻或罂粟子。

用刀切开2个小口。

涂抹蛋液，190℃烘烤8分钟。

大福豆沙包

Sakura-shaped Buns

只将圆形的面团切开5处，就变成了像樱花一样的面包。正中间搭配上盐渍樱花，增添了一份香气。与口溶性好的豆沙搭配，就会做出如同日式点心的高品质面包。

材料（18个）

▼爽口又柔软的面团
　基本的面团重量（见P52·材料篇）
▼馅料
　小豆豆沙　　　　　　　35g/个
▼装饰
　盐渍樱花　　　　　　　1枚/1个
　蛋液（上色用）　　　　适量

准备面团、豆沙、樱花

1 请参照P53~P57的步骤1~33制作面团。35g分割滚圆，松弛（面团温度28℃·30分钟）。

2 将豆沙分成35g放置。

3 将盐渍樱花用水漂后除去盐分，轻轻挤出水分，去掉叶柄。

包馅

4 用手按面团轻轻排气。将光滑面向下放于手掌，再将2的豆沙放在上面。见 A

5 将手掌呈凹陷形，用包馅匙将豆沙按入，就会使面团自然凹陷，豆沙就会在里面了。见 B

6 重复转动面团、用包馅匙向下按的操作。将面团的边缘聚集到中间，捏紧。见 C
● 馅料的包法见P87

7 将闭口处朝下放置，用手掌从上方轻轻按下。用刀等距离切开5个切口。见 D
● 切口的长度约为面团半径的1/2。

8 从上方看来，呈樱花一样的形状。见 E

按入樱花，烘烤

9 将面团放于烤盘上，正中间放上樱花。见 F

10 用手指按入樱花。见 G
● 如果不按至手指的第一关节处，烘烤后就会脱落。

11 盖上塑料袋进行最终发酵（面团温度30℃·30分钟）。

12 用毛刷涂抹蛋液。见 H

13 将面团放入实际温度预热到220℃的烤箱中，再将温度重新设定为190℃，烘烤15分钟。

用包馅匙将豆沙放在面团上。

凹陷手掌，用包馅匙按下豆沙。

将面团的边缘部分集中到中间捏紧。

用刀等距离切开5个小口。

从上方看呈樱花的形状。

中央部分放上盐渍樱花。

将盐渍樱花用手指按入。

刷上蛋液后，190℃烘烤15分钟。

葡萄吐司

Raisin Bread

鸡蛋色的面团和出炉时的香味。味道非常
浓厚的葡萄吐司。葡萄干恢复柔软的方法，
及将大量的葡萄干混入面团的方法，将全
部告诉给大家。

材料（18.2cm×8cm×9cm的方形吐司模具*1 2条）

•爽口又柔软面团	
基本的面团重量（见P52•材料篇）	
朗姆酒渍葡萄干（易于使用的分量*2）	
提子	300g
热水	500ml
小苏打	1.5g
朗姆酒	15ml

*1 容量1200ml
*2 从此分量中取300g（2条）使用

制作朗姆酒渍葡萄干

1 将葡萄干放入滤盆中，如果成块状的话，请用手分开。见 **A**
  ● 为了避免葡萄干甜味的流失，尽可能缩短浸泡在热水中的时间。

2 将滤盆重叠放在不锈钢盆上，倒入加有小苏打的热水，放置1分钟。拿起滤盆沥干，趁热用手挤出水分。见 **B**
  ● 为了防止烫伤，最好带上塑胶手套。

3 淋上朗姆酒，放入保存容器中。

4 用拳头向下按，将涌出的汁水浸渍全部葡萄干。见 **C**

5 在20℃以下的地方。放置2周左右。然后放入冰箱中。变为汁水全部浸渍的状态后，就可以保存1年。

将朗姆酒渍葡萄干混入面团中

6 请参照P53~P57的步骤1~33揉制面团，将其分割为4等份。

7 将300g朗姆酒渍葡萄干分为3等份。

8 将面团用手按平，在上面放上1/3量的葡萄干。反复这一动作折叠成7层。见 **E**
  ● 保证面团温度为28℃。如果温度过低，用微波炉略微加热朗姆酒渍葡萄干。

9 用切面刀将步骤8的成品切分为2部分，重叠到一起。用手掌从上部按下，使朗姆酒渍葡萄干与面团融合到一起。

10 将步骤9的成品放入塑料容器中，用拳头将表面按平。见 **F**

11 进行1次发酵（面团温度28℃•50分钟）

成形

12 将面团放在操作台上，分割成4份（225g×4个）。

13 找到表面没有露出葡萄干的一面，将其向上放置，排气。见 **G**

14 将面团正反面颠倒放置，滚圆（见P86）。不要让葡萄干滚落出来。见 **H**

15 松弛（面团温度30℃•30分钟）。

16 再次排气，将没露出葡萄干的一面向下放置，擀至17cm左右。

17 从前后两侧各折叠1/3。见 **I**

18 纵向放置，草袋状成形（见P86）。见 **J**

最终发酵后入炉

19 卷口朝着模具长侧面，将两个面团紧贴模具两端放置。见 **K**

20 盖上塑料袋进行最终发酵（面团温度32℃•45分钟）。

21 面团膨胀至模具的边缘处。喷水，放入实际温度预热到210℃的烤箱中，再将温度重新设定为180℃，烘烤35分钟。见 **L**

22 从模具中取出后，放置在冷却网上冷却。

A 将放入小苏打的热水倒入葡萄干中。

B 趁葡萄干没冷却时用手挤出水分。

C 淋上朗姆酒后放入保存容器中按压。

D 将揉好的面团分割为4等份。

E 先将面团与葡萄干重叠为7层。

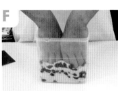
F 将重叠为14层的面团放入容器中。

G 分为4等份，排气。

H 滚圆，不要露出葡萄干。

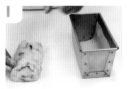
I 结合模具的大小折叠3次。

J 紧紧地卷成草袋形。

K 将面团紧贴模具的两端放入。

L 喷水，180℃烘烤35分钟。

环状&麻花甜甜圈
Ring & Twist Doughnuts

家庭制作的甜甜圈，其刚出锅酥松的口感很特别。其魅力还在于即便没有烤箱也可以轻而易举地制作。除了环状、麻花状，还可以做成花状，或将奶油夹入其中。请自由地组合，享受乐趣吧。

材料（圆圈状或者麻花状约12个）

▼爽口又柔软的面团
　基本的面团重量（见P52・材料栏）
油炸油（色拉油）
▼调料
　甜甜圈专用糖*1或者砂糖　适量
　肉桂味砂糖*2　　　　　　适量

*1　将砂糖内混入玉米淀粉或油脂等加工制作而成的糖类。即使经过长时间也不会融化，并保持颗粒状。
*2　砂糖内混入22%的肉桂粉而制成的糖类。

花状成形与"照烧鸡排面包"（见P46）的成形方法相同。横着从中间切开后，建议挤入克里姆酱（见P87）或甘纳许（见P83）。

制作面团

1　请参照P53~P57的步骤1~33制作面团。55g分割滚圆，松弛（面团温度28℃・30分钟）。

2　排气后，将光滑面向下纵向放置，草袋状成形（见P86）。休息2~3分钟松弛面团。见 A

环状成形

3　将2的面团搓成长度约20cm左右的棒状（见P86），将其一端按成宽扁状。见 B

4　将按扁一端的面团用手固定，另一只手滚动面团的另一端。见 C

5　将两端黏合，用按扁的一端包住另一端捏紧。见 D

6　盖上塑料袋，进行最终发酵（面团温度30℃・20分钟）。

麻花状甜甜圈成形

7　将2的面团搓成30cm左右的棒状，稍微松弛后，再将其搓成30cm左右的绳状（见P86）。见 E

8　将手掌分别放置在两端，一只手向前侧，另一只手向后侧搓滚面团。再重复搓滚一次，捻紧。

9　将两端捏紧后提起，2根面团自然拧到一起。见 F

10　盖上塑料袋，进行最终发酵（面团温度30℃・20分钟）。

油炸

11　将炸油升温至160℃，放入面团，正反各炸2分钟。见 G

● 不要一次炸很多，要按顺序分少量炸制。

● 上下两面炸至金黄色，侧面呈明显白色后捞出。

12　将环状甜甜圈沾满甜甜圈专用砂糖，麻花状甜甜圈沾满肉桂粉砂糖。见 H

将面团草袋状成形后松弛2~3分钟。

麻花状①：搓至30cm长后拧面团。

B

环状①：搓至20cm长，将一端按扁。

C

环状②：将一端固定后搓滚。

D

环状③：将2段捏合。

麻花状②：捏紧两端后提起。

用160℃的油正反各炸2分钟。

沾上砂糖和肉桂粉砂糖。

73

菠萝包

Melon Pan

"Zopf"面包店的菠萝包里放入了葡萄干。从以前就开始放入葡萄干了，被问到"为什么"时，也回答不上来。因为菠萝皮很软，最好冷藏后使用。菠萝皮弄得过于薄的话，就容易散开，所以与面团的搭配极其巧妙。

材料（约15个）

▼爽口又柔软的面团	
基本的面团重量（见P52·材料篇）	
▼馅料	
朗姆酒渍葡萄干（见P71）	130g
▼菠萝皮	
低筋粉	200g
泡打粉	4g
无盐黄油（常温）	40g
砂糖	100g
鸡蛋	100g
香草香精或香草棒	少量
砂糖（成形用）	适量

前日制作菠萝皮

1 将低筋粉和泡打粉一起混合过筛。放入不锈钢盆中用打蛋器充分混合搅入空气。

2 将恢复常温的无盐黄油放入到另外一个不锈钢盆中，用打蛋器搅拌至光滑。加入砂糖后摩擦混合。
  ● 将黄油恢复至用手指按下后留有痕迹的柔软程度。

3 将鸡蛋液搅拌，分3~4次放入步骤2中，充分混合。将香草香精也混入其中。见 A

4 将步骤1的粉放入步骤3的不锈钢盆中，一边转动不锈钢盆一边用刮板从底部将面团捞起混合。混合后，像切的方式混合。见 B
  ● 混合时不要用力揉面，多少剩些粉也没有问题。

5 用保鲜膜包起来，放在冰箱中休息一晚。见 C
  ● 使之充分冷却变得既硬又紧实。

制作面团，放入朗姆酒渍葡萄干

6 请参照P53~P57的步骤1~33制作面团。15等分（约40g）分割滚圆，松弛（面团温度28℃·30分钟）。见 D

7 排气后，将光滑面向下纵向放置，分别从身体侧和内侧各折叠1/3。将面团调转90°，同样各折1/3，将卷口处轻轻捏紧。见 D

8 将闭口处向上放置于手上，按入约10粒朗姆酒渍葡萄干。见 E

9 将面团的边缘合拢包入葡萄干后捏紧。见 F

将菠萝皮盖在面团上

10 将菠萝皮从冰箱中取出，15等分（约30g）。蘸上手粉后，放在两手手掌中转动滚圆。轻轻按扁。见 G

11 小号不锈钢盆中放入成形用的砂糖，再放入10。再将步骤9的面团闭口朝上放在菠萝皮上。见 H

12 手持面团的闭口处，略微用力将其按在菠萝皮上。接着用力敲打砂糖，将面团与菠萝片黏合至一起。见 I
  ● 随着用力按在砂糖上，菠萝皮变薄，并将面团的多半部分覆盖上。

13 将菠萝皮朝上放在手上，另一只手呈45°贴在面团上，向身体侧搓拉，将菠萝皮拢入面团底部成形。见 J

印上格子形状后烘烤

14 用切面刀将菠萝片表面印上格子状花纹。将切面刀沿着表面的弧度，像画弧线一样移动是操作重点。见 K
  ● 为了避免最终发酵后，即使膨胀也不会使花纹消失，稍微深深切入（1cm以内）花纹。

15 不要盖上塑料袋进行最终发酵（面团温度28℃·35分钟）。见 L

16 放入实际温度预热到200℃的烤箱中，再将温度重新设定为170℃，烘烤20分钟。

A 将黄油与砂糖混合后，加入鸡蛋。

B 将低筋粉等加入A后，切入式混合。

C 用保鲜膜包裹后放入冰箱冷藏保存。

D 面包用面团4次折叠成形。

E 将10粒左右的朗姆酒渍葡萄干按入面团中。

F 将面团周边向中央捏紧包入葡萄干。

G 将菠萝皮滚圆后按扁。

H 将面包面团和菠萝皮放在砂糖上。

I 将面团和菠萝皮紧密黏住后，大力地按在砂糖上。

J 用菠萝皮包入7成的面团。

K 用切面刀在表面印上格子形。

L 面团温度28℃，进行最终发酵。

焦糖菠萝面包

Caramel Melon

将菠萝皮调制成焦糖口味。宛如茼蒿菊一样的形状是利用叫作"皇冠赛门"的面包模具制作而成的。形状改变了，口感同样也会改变。成棱角的部分脆脆的口感很微妙。

材料（约16个）

▼爽口又柔软的面团	
基本的面团重量（见P52·材料篇）	
▼焦糖菠萝皮	
无盐黄油（常温）	60g
砂糖	150g
鸡蛋	120g
低筋粉	240g
焦糖粉	90g
泡打粉	6g
香草香精或香草棒	少量
砂糖（成形用）	适量

可以将面团简单地切为十字形的模具，是德国国王冠赛门面包使用的模具。在烘焙工具店里可以买到。如果没有的话，请用比面团直径小的切面刀或刮板制作也可以。

提前1天制作焦糖菠萝皮

1. 将低筋粉、焦糖粉、泡打粉一起混合过筛，放入不锈钢盆中用打蛋器充分混入空气。

2. 将恢复常温的无盐黄油放入到另外一个不锈钢盆中，用打蛋器搅拌至光滑。加入砂糖后摩擦混合。
   - 将黄油恢复至用手指按下后留有痕迹的柔软程度。

3. 将鸡蛋搅碎，分3~4次放入步骤2的不锈钢盆中，充分混合。将香草香精也混入其中。

4. 将步骤1的粉放入步骤3的不锈钢盆中，一边转动不锈钢盆一边用刮板从底部将面团捞起搅拌混合。
   - 混合时不要揉面，多少剩些粉也没有问题。

5. 用保鲜膜包起来，放在冰箱中休息一晚。
   - 使之充分冷却变得既硬又紧实。

制作面团，盖上焦糖菠萝皮

6. 请参照P53~P57的步骤1~33制作面团。40g分割滚圆，松弛（面团温度28℃·30分钟）。

7. 排气滚圆（见P86）。见 A

8. 将焦糖菠萝皮从冰箱中取出，40g分割。蘸上手粉后，放在两手手掌中转动滚圆。轻轻按扁。见 B

9. 小号不锈钢盆中放入成形用的砂糖，再放入菠萝皮。再将面团闭口向上放在菠萝皮上。见 C

10. 用手指轻轻压合闭口处的皮。
    - 菠萝皮与面团的直径最好相同。

用皇冠赛门模具切面团，烘烤

11. 将砂糖撒在操作台上，放上面团，略微撒上高筋粉。见 D

12. 用皇冠赛门模具从上部按下，切出十字形切口。见 E
    - 将模具透过面团按至操作台上。

13. 转动模具45°，不要偏离中心部再次按入模具。见 F

14. 将菠萝表皮部朝下手持，将手指由下部放入，从内侧向外侧翻开。见 G、H

15. 将菠萝皮朝上放在烤盘上，不盖塑料袋，进行最终发酵（面团温度28℃·35分钟）。

16. 放入实际温度预热到200℃的烤箱中，再将温度重新设定为170℃，烘烤18分钟。见 I

将面包用面团分割成40g滚圆。

将焦糖菠萝皮滚圆后按扁。

将面团与菠萝皮重叠放在砂糖上。

将面团与菠萝皮粘在一起后，撒上高筋粉。

用模具按出十字切口。

转动模具45°后再次按入切口。

将手指放入切口，由内向外翻开。

翻开之后，菠萝皮表面翻至上部。

放在烤盘上发酵，170℃烘烤18分钟。

慕司林奶油面包和丰沃面包

Mousseline & à Tête

大量使用鸡蛋和黄油的这两种面团与布莉欧面团很相似。那么，就制作成了布莉欧面包中最有代表性的圆筒形的慕司林奶油面包和法语中有"带脑袋"的丰沃面包。

外皮松香可口，一口咬下去，能感到新鲜水果和巧克力酱的完美融合，值得强力推荐。

材料（慕司林约5个或丰沃约14个）

▼爽口又柔软的面团
基本的面团重量（见P52·材料篇）
蛋液（上色用）　　　　　　　适量

将西红柿罐头的空罐头盒作为制作慕司林的罐头盒使用。推荐使用侧面有凹凸不平的空罐头盒，易于烘烤。

准备面团和空罐

1　请参照P53~P57的步骤1~33制作面团。

2　将西红柿罐头的空罐用作慕司林奶油面包的模具使用。在底部用锥子捅6~7个洞。在内侧涂抹起酥油时，别让空罐的边缘弄伤了手。见 A

慕司林奶油面包：将面团放入空罐中

3　将步骤1的面团分割为120g滚圆，松弛（面团温度38℃·30分钟）。

4　排气后滚圆（见P86），将面团闭口处朝下放入空罐里，盖上塑料袋进行最终发酵（面团温度30℃·30分钟）。见 B

丰沃面包：像雪人状一样成形

5　将步骤1的面团分割为45g后滚圆，松弛（面团温度38℃·30分钟）。

6　排气后滚圆，将闭口处横向放置于操作台上。蘸上手粉，从一端开始的1/10处将小手指的侧面按在上面。见 C

7　前后转动小手指，滚动面团的一端，制作头部。见 D
　● 注意不要搓断了。

8　将7放入布莉欧模具中。见 E

● 一只手拿头部，一只手拿身体部分，移动。

9　将头部按入身体的中心部分。见 F

10　盖上塑料袋，进行最终发酵（面团温度30℃·20分钟）。

涂抹蛋液后烘烤

11　慕司林：用毛刷将蛋液涂抹至最终发酵后的面团表面。用剪刀剪开4个口呈十字状。见 G
　● 注意不要将蛋液涂抹到空罐上。

12　丰沃：用毛刷将蛋液涂抹至最终发酵后的面团表面。见 H

13　放入实际温度预热到210℃的烤箱中，再将温度重新设定为180℃，慕司林烘烤20分钟，丰沃烘烤12分钟。

14　分别从罐头盒、模具中取出，放置于冷却网上冷却。

小巧且形状特殊的丰沃面包，制作成三明治也很有趣。不论甜的馅料，还是咸的馅料都很美味。

慕司林：事先在空罐头底部捅开洞。

将120g的面团滚圆后放入空罐头中。

丰沃：用小指按面团的一端。

前后转动小指，制作头部。

将D的面团放入布莉欧模具中。

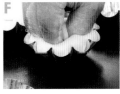

将头部用指尖按入至面团的底部。

慕司林：用剪刀剪开4个口。

丰沃：涂抹蛋液后放入烤箱。

克里姆面包

Cream Buns

口溶性好的面团与克里姆酱非常搭配。现在的克里姆面包虽然有各种各样的形状，但还是传统的手套形状最为经典。制作出外观漂亮的关键在于面团的擀法。

材料（约14个）

▼爽口又柔软的面团	
基本的面团重量（见P52・材料篇）	
▼克里姆酱	
牛奶	500ml
蛋黄	100g
砂糖	145g
低筋粉	20g
玉米淀粉	20g
无盐黄油	20g
香草香精或香草棒	少量
蛋液（上色用）	适量

准备面团和克里姆酱

1　请参照P53~P57的步骤1~33制作面团。45g分割滚圆，松弛（面团温度28℃・30分钟）。

2　参照P87制作克里姆酱。稍微冷却后，放入冰箱内保存。

3　在操作台上撒上面粉，将步骤1的面团排气后，用擀面杖擀成10cm×12cm左右的椭圆形。见A

4　较短一侧的面团的边缘1cm处，保留其厚度不要用擀面杖擀。见B

　● 边缘侧松软膨胀起来的话会很漂亮，烘烤后会看起来很美味。

包入克里姆酱

5　将面团放在手掌上，用包馅匙将克里姆酱55g（1份量）放在其中。见C

6　将手掌呈凹陷状，用包馅匙将克里姆酱按入后，面团会自然凹陷，克里姆酱进入其中。见D

7　将拇指贴在面团的身体侧，对折。见E

8　不要触碰较厚一侧的面团，将内侧的面团黏合至一起封口。见F

9　放置于操作台上，将拇指贴紧黏合部分，将其中的克里姆酱向折痕处轻压成形。见G

　● 此处也不要触碰较厚一侧的边缘。

切口后，烘烤

10　朝着折痕的方向，等距离地切3个口。切口的长度约为1.5cm。见H

　● 切至稍微可以看到其中的克里姆酱。

11　放入烤盘中，盖上塑料袋进行最终发酵（面团温度30℃・35分钟）。

12　用毛刷涂抹蛋液。见I

13　放入实际温度预热到220℃的烤箱中，再将温度重新设定为190℃，烘烤15分钟。

将面团擀为10cm×12cm的椭圆形。

较短一侧的面团边缘的1cm处保不擀。

将克里姆酱放置在面团上。

将手掌呈凹陷形，用包馅匙按入克里姆酱。

将拇指紧贴身体侧的面团，对折。

将边缘内侧的1cm处黏合。

用拇指将其中的克里姆酱向折痕处按。

等距离切开3个切口。

发酵后，涂抹蛋液，放入烤炉烘烤。

巧克力螺旋面包

Choco corone

名字虽然是欧美风，但其实是日本甜面包
的代表之一。挤入其中的馅料虽然有各种
各样的选择，但是要搭配螺旋面包的话，
最美味的还是巧克力馅料。在这里挤入了
将巧克力融化至鲜奶油中的甘纳许馅料。

要是使用高品质的苦味
巧克力制作甘纳许，就
会成为"大人口味的螺
旋面包"。

材料（约14个）

▼爽口又柔软的面团
　基本的面团重量（见P52·材料篇）

▼甘纳许

鲜奶油	300g
巧克力（切碎）	250g
杏仁（烘烤后切碎）	适量
蛋液（上色用）	适量

制作甘纳许

1　将鲜奶油放入锅中，加热至沸腾前关火，放入切碎的巧克力。见 **A**

2　用刮刀搅拌至巧克力完全融化。见 **B**

3　用保鲜膜包好，稍微冷却后，放入冰箱冷却30分钟以上。

制作面团

4　请参照P53~P57的步骤1~33制作面团。45g分割滚圆，松弛（面团温度28℃·30分钟）。

5　排气后，将光滑面朝下纵向放置，草袋状成形（见P86）。休息2~3分钟使面团松弛。见 **C**

将草袋形搓滚为细长的水滴形

6　将步骤5的面团用一只手搓滚，并只将中央部分搓细。接着，将两手放置于面团的两端，一只手用力搓滚面团，成形为长度约15cm的水滴形。松弛2~3分钟。见 **D**

7　与步骤6的要领相同，成形为长度25cm的水滴形。见 **E**

卷成螺旋形

8　将手指插入螺旋模具（见P16）中，拿起。将面团的一端贴在模具上，紧贴着卷一圈。见 **F**

9　宽松地再卷一圈。见 **G**

10　使面团的根部很饱满，是制作出漂亮外观的秘诀。所以第一次一定要卷得宽松。见 **H**

11　从第二个卷以后，一边轻拉面团，一边调节使其没有间隙地正好卷完至模具尖端前的1cm处。见 **I**

12　将卷口处面团与旁边的面团牢牢地捏紧。

最终发酵后烘烤

13　放置在烤盘上，盖上塑料袋进行最终发酵（面团温度30℃·25分钟）。

14　用刷毛涂抹蛋液，放入到预热后的烤箱中，再将温度重新设定为190℃，烘烤14分钟。

15　从模具中取出面包后，放置在冷却网上冷却。

挤入甘纳许

16　将步骤3的甘纳许装入裱花袋中（或者塑料袋），剪开直径1cm左右的剪口。将裱花袋插入螺旋面包的最里面，挤入甘纳许。最开始时，用力挤入，然后，挤至中央部分时，不要用力挤，至开口处附近再用力挤入。见 **K**

17　将烤熟切碎后的杏仁沾在露出的甘纳许上。见 **L**

将巧克力加入鲜奶油中。

将巧克力完全融化。

将面团草袋状成形。

搓滚成15cm的水滴状。

再次搓成25cm的水滴状。

将面团的一端粘贴在模具上。

第一个卷口卷得要宽松。

使开口的部分看起来饱满是关键。

卷至距模具的尖端1cm处。

用毛刷涂抹蛋液，放入烤箱。

将甘纳许有秩挤入。

沾上烤熟的杏仁。

布蕾黑库根面包

Blechkuchen

布蕾黑在德语中是"烤盘"的意思，库根是
"点心"的意思。在德国的饼店中，经常可
以看到在放置于烤盘上的面团上，放上水果
烘烤的朴素的烤盘点心。在这里为了便于少
人数也可以食用，使用了派盘烤制。

材料

制作酥粒

1 无盐黄油在室温下软化。放入不锈钢盆，加入砂糖，用手混合。同时加入食盐、蜂蜜、柠檬汁，再次摩擦混合。见A

2 加入过筛后的中筋粉，用两手搓成颗粒状。见B
● 握住或者捏住的话，会让其变成团状，一定要注意。

3 完全混合，成为颗粒状后即可。见C

将糖水黄桃轻烤

4 糖水黄桃用200℃的烤箱烤10分钟左右，烘干水分。见D

制作面团，垫入模具

5 请参照P53~P57的步骤1~33制作面团。200g分割后，排气。将前后两侧的面团分别折1/3，调转面团90°，同样折叠1/3。松弛（面团温度28℃·30分钟）。

6 排气，用擀面杖擀长。横竖、正反两面前擀至均一的厚度。见E

● 擀面过程中，如果面团不容易延展的话，松弛2~3分钟。

7 擀至比模具大一圈之后，轻拉面团的两端成为长方形。见F

8 将面团放入模具中，不要与模具之间留间隙。见G

9 用叉子叉开几个洞，注意不要忘记模具边缘凸起和凹陷的部分。盖上塑料袋，进行最终发酵（30℃·25分钟）。见H

放入馅料和水果

10 将步骤9中的一盒涂抹黑酸粒果酱，另一盒涂抹杏子果酱，然后分别挤入克里姆酱。见I

11 将切为3mm厚的黄桃片放在涂抹黑酸粒果酱的面团上面。将糖水黑樱桃和橘子放在涂抹杏子果酱的面团之上。见J

12 每个面团上撒上30g酥粒。见K

13 放入实际温度预热到210℃的烤箱中，再将温度重新设定为180℃，烘烤22分钟。

14 略为冷却后，从模具中取下，筛上糖粉，在黄桃上点缀香叶草等进行装饰。见L

酥粒：黄油与砂糖混合。

加入其他材料用手混合。

混合好的酥粒。

将糖水黄桃去除水分。

用擀面杖擀制面团。

擀成比模具大的长方形。

将面团垫入至模具的各个角落。

用叉子连续地叉开洞。

涂抹果酱，挤入克里姆酱。

放入糖水水果等。

撒上酥粒。

冷却后，筛上糖粉。

面包的几种成形方法

基本的滚圆成形，是面包制作的最重要环节。到习惯为止也许都会感觉到很难。但是反复练习，抓住要领的话，谁都可以很好地完成。掌握圆形、草袋状、棒状、绳状的成形方法吧。

圆形

1 将面团的光滑面向上放置，用手轻按排气。从一端开始按下。

2 光滑面朝下，将面团纵长放置。

3 前后两侧折叠1/3。
*折叠的顺序从哪侧开始都可以。

4 调转面团90°，再从两侧各折叠1/3。

5 将折叠后的边缘与下方的面团结合，捏紧。

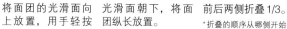

6 左手拿面团（右撇子的人），将左手的拇指放在闭口处。

7 用右手的指尖，像包入左手拇指一样将两侧的面团集中到一起。

8 调转面团90°，集中两侧面团的操作重复5~6回。最后，在中心处将面团捏紧。

9 将面团闭口处向下放于手中，另一只手贴紧面团呈45°在掌心转动，使面团表面扩张。

草袋状

1 将面团的光滑面向上放置，用手掌轻按排气。从一端开始按下。

2 将面团的光滑面朝下，纵向放置。从内侧卷一次，用指尖轻按前部卷紧。这就成为芯部。

3 将卷后再按的动作重复操作2~4回至卷完为止。将卷口处捏紧。

绳状

1 从棒状（休息几分钟，松弛后的面团）开始。将手掌贴在面团的中心部，用力向下按。前后3次反复滚动。

2 将两手贴在面团的两端，用与步骤1相同的力量反复3次滚动，使之与中间部分的粗细相同。

*要使之更细的话，再从步骤1开始重复操作。

棒状

1 从草袋状（休息几分钟，松弛后的面团）开始。将手掌贴在面团的中心处，从正上方向下按。
*最开始在正中间处决定粗细是关键。

2 一边保持好粗细，一边前后3次反复滚动。

3 将两手贴在面团的两端，用与步骤2相同的力量3次反复滚动，使之与中间部分的粗细相同。

馅料的包法

豆沙面包、克里姆面包、咖喱面包等，包入馅料的面包，无论儿童和大人都很喜欢。

基本位置	错误位置	练习1	练习2
将拿着面团的手呈像握着圆球的一样的姿势，尽量拿着包馅匙的根部，将相对于手部的一面呈水平方向。	拿面团的手呈伸平状态，无论怎样用包馅匙按，馅料都不会进入其中。	用高尔夫球作为练习也可以。轻轻地握紧高尔夫球，包馅匙呈水平方向放置，将高尔夫球向正下方按。	一旦拿起包馅匙，就要将高尔夫球稍微滚动（使用手指和手掌）。用包馅匙按下，转动高尔夫球，重复这一动作。 *不改变包馅匙的位置，同时转动面团是操作要领。

实践1	实践2	实践3	实践4	实践5

将面团放在手上，用包馅匙将馅料放在上面。	使拿着面团的手呈凹陷状，用包馅匙水平按入。	从侧面看的话，就会看到面团沿着手掌伸展。	拿起包馅匙，转动面团。重复将包馅匙按下、转动面团的动作。	面团成半球状之后，将面团的边缘集中至中央后，捏紧。

克里姆酱的制作方法

克里姆酱是甜面包不可或缺的馅料。在本书中，水果格雷派、克里姆面包、布蕾黑库根面包都使用了克里姆酱。
还可以挤入螺旋面包中、夹入甜甜圈当中，请自由地搭配组合。

材料	
牛奶	500ml
砂糖	145g
低筋粉	20g
玉米淀粉	20g
蛋黄	100g
无盐黄油	38g
香草香精或 香草棒	少量

1
将牛奶放入锅中点火，加热至快要沸腾。

2
将砂糖、低筋粉、玉米淀粉放入不锈钢盆中，用打蛋器混合。出现结块的话，用手搓碎混合。

3
将蛋黄加入钢盆中，用打蛋器充分搅拌使空气进入其中。

4
将步骤3、步骤1中的物质逐步加入另一个锅中混合。一次性加入的话，就会使鸡蛋预热后凝固，要注意。

5
将锅用中火加热，用刮刀不停地搅拌加热。逐渐地呈现出黏稠度。用刮刀刮锅的底部，可以看到底部的浓度后，灭火。

6
加入无盐黄油充分搅拌，然后加入香草香精。

*加入切碎的巧克力混合后，就成为了巧克力克里姆。

7
慢慢倒入方平底盘中，将其放入冰水中急速冷却。冷却后，用保鲜膜包好后，放入冰箱中保存。尽快使用。

补充配方

咖喱馅
见P40・咖喱面包使用

材料（易于使用的分量）

圆葱（切成碎末）	4个
大蒜（磨成末）	1/2头
胡萝卜（切成碎末）	1.5根
牛肉馅	1kg
水	1.5L
苹果（磨成末）	1.5个
水煮紫芸豆	250g
水煮白蘑菇（切片）	225g
咖喱风味调料	500g
干燥洋葱	100g
色拉油	适量

1 锅内放入色拉油，将圆葱炒至焦糖色。加入大蒜和胡萝卜一起炒制，炒熟后放入盘子中。
2 用锅再炒牛肉馅，加入炒熟的圆葱、大蒜和胡萝卜。然后加入水、苹果、紫云豆、白蘑菇，煮至水分减少一半（约2小时）。
3 加入咖喱风味调料完全溶解后，灭火，加入干燥圆葱，充分混合。
4 略微冷却后，移至保存容器中后放置于冰箱中保存一夜。

*过软的话不易于包馅，要在冰箱中充分冷却凝固。

照烧鸡排
见P46・照烧鸡排面包使用

材料（易于使用的分量）

鸡腿肉	2枚
食盐	适量
A	
水	少量
酒	大匙2匙
酱油	大匙2匙
砂糖	大匙2匙
味淋	大匙1匙
粉末鲣鱼味调料	少量（个人爱好）

1 将食盐撒在鸡腿肉表面。
2 加热树脂加工的平底锅，放入鸡腿肉，煎至两面上色。
3 加入A的材料后，用小火煮。煮至鸡肉熟透，水分消失为止即可。冷却后使用。

海鲜类白酱
见P48・纸杯面包使用

材料（易于使用的分量）

▼酱料	
虾	100g
扇贝柱	100g
圆葱（切成碎末）	100g
白色酱料	200g
鲜奶油（脂肪成分35%）	100g
黄油	适量
食盐、白胡椒粉	适量
▼装饰用	
披萨用芝士	适量
绿花菜（分成小块、煮熟）	适量
虾、扇贝柱（煮熟后切成一口可以食用的大小）	各适量

1 将虾、扇贝柱等切成1cm左右的小块。
2 在平底锅中加热黄油，将圆葱炒透。加入虾和扇贝柱，一起炒。用食盐、白胡椒粉调整味道。
3 加入白色酱料、鲜奶油后稍微煮一下，离火后冷却。
4 在放入模具中的最终发酵后的面团上放入披萨用芝士一小撮，在放入45g的冷却后的白色酱料和鲜奶油。
5 放上装饰用的绿花菜、虾、扇贝柱后，放入烤箱中烘烤。

白芸豆和香肠的煮制品
见P48・纸杯面包使用

材料

水煮白芸豆	适量
维也纳香肠	适量
鸡肉清汤	适量
西洋芹（切成碎末）	适量

1 将水煮白芸豆除去水分。香肠切成2cm大小。
2 把白芸豆、香肠片放入锅中，倒入鸡肉清汤至刚没过材料的程度，不要将其煮烂。
3 离火后，稍微放置一会儿，使之入味。
4 在放入模具最终发酵后的面团上，放入白芸豆1大匙、维也纳香肠4片、汤料1大匙后烘烤。撒上切碎的西洋芹。

茄子和莫扎里拉干乳酪的肉末沙司

见P48·纸杯面包使用

材料（易于使用的分量）

▼肉末沙司	
牛肉末	260g
A	
红葡萄酒	40ml
蔬菜肉酱沙司	28g
西红柿酱	120g
伍斯特沙司	20g
砂糖	10g
颗粒状肉汤调味料	10g
干燥圆葱（市贩品）	20g
橄榄油	适量
食盐、黑胡椒	适量
▼装饰用	
油炸茄子（2cm切块）	适量
莫扎里拉干乳酪	适量

1 将橄榄油倒入锅内，炒制牛肉馅。用食盐、黑胡椒调整味道。

2 加入A的材料，煮至成糊状。

3 煮好后，加入干燥圆葱搅拌均匀。用食盐调整味道。

4 在放在模具中最终发酵后的面团里，放入55g的肉末沙司，然后均匀地摆上油炸茄子和莫扎里拉干乳酪，烘烤。

鹰嘴豆咖喱

见P48·纸杯面包使用

材料（易于使用的分量）

▼鹰嘴豆煮制品	
鹰嘴豆（干燥）	800g
大蒜（切成碎末）	2片
圆葱（切成碎末）	1/4块
西芹（切成碎末）	1/4根
胡萝卜（切成碎末）	1/4根
橄榄油	适量
水	适量
A	
颗粒状肉汤调味料	大匙2
咖喱粉	12g
姜黄	12g
混合香料	2g
卡宴辣椒粉	1g
砂糖	大匙2
月桂叶	1枚
▼装饰用	
咖喱馅（P48）	25g/个
芝士粉	适量
西洋芹（切成碎末）	少量

1 将鹰嘴豆在前一晚用大量的水浸泡。

2 加热锅中的橄榄油，炒制大蒜、圆葱、西洋芹、胡萝卜。

3 将除去水分的鹰嘴豆加入锅中，再加入A，倒入水至刚没过锅内的原材料。煮至豆类仍有嚼头即可，然后冷却放置。

4 将咖喱馅料25g和除去水分的鹰嘴豆30g，放入垫在模具中最终发酵后的面团上。出炉后，撒上芝士粉和西洋芹。

DVD收录内容

DVD比书本更加详细，更加易懂！
65分钟收录了所有配方的制作过程。
有了影像，就像掌握了面包制作的秘诀一样清晰易懂。

有黏性又松软的面团
主食餐包和黄油餐包

用有黏性又松软的面团制作
黄油开口面包

棒状面包

豆沙大理石面包

佛卡恰风主食面包

宇治金时

杂粮面包

咖喱面包

帕贝壳披萨

甜酸奶油条状面包

照烧鸡排面包

纸杯面包

爽口又柔软的面包
砂糖球面和辫子面包

用爽口又柔软的面团制作
水果格雷派

豆子面包

迷你豆沙包

大福豆沙包

葡萄吐司

环状 & 麻花甜甜圈

菠萝包

焦糖菠萝包

慕司林奶油面包和丰沃面包

克里姆面包

巧克力螺旋面包

布蕾黑库根面包

馅料包法的秘诀

DVD特别影像
在露营时烘烤面包吧！

在野外烘烤 面包卷

DVD-Video 注意事项

· DVD-Video是能够高密度地记忆影像和声音的光盘。请使用可以播放DVD-Video的播放器进行播放。带有DVD驱动装置的PC或游戏机等部分机种有时不可以播放。

· 影像是以 16:9的画面大小收录的。

· 请将此光盘只用于家庭鉴赏用途。未经允许，严格禁止将收录在光盘中的内容进行复制、改变、转卖、转借、放映、播放（有线、无线），否则追究法律责任。

● 使用时的注意事项

· 请不要将光盘的两面粘上指纹、弄脏、划痕。

· 给光盘加上过重负荷的话会导致光盘拱起，给数据读取造成障碍，请注意。

● 保管时的注意事项

· 请避开直射日光的场所或汽车中等高温多湿的场所进行保管。

*DVD光盘存在物理上的缺陷时，确认不良处之后，我们将替您更换。

*DVD是与本书成套销售的。（不可以分别销售）。

65min/ 单面一层 / 彩色 /MPEG2/ 不可复制

TITLE：［ぜったいに失敗しないパンづくり（DVD付き特別版）：ツオップ 伊原シェフ に教わる］

BY：［伊原靖友］

Copyright © Yasutomo Ihara, 2011

Original Japanese language edition published by SHIBATA PUBLISHING CO., LTD.

All rights reserved. No part of this book may be reproduced in any form without the written permission of the publisher.

Chinese translation rights arranged with SHIBATA PUBLISHING CO., LTD., Tokyo through Nippon Shuppan Hanbai Inc.,Tokyo

图书在版编目（CIP）数据

跟着DVD轻松做面包／（日）伊原靖友著；崔岩译

. —沈阳：辽宁科学技术出版社，2015.3

ISBN 978-7-5381-8839-4

Ⅰ.①跟… Ⅱ.①伊…②崔… Ⅲ.①面包 – 制作

Ⅳ.①TS213.2

中国版本图书馆CIP数据核字（2014）第210172号

策划制作：北京书锦缘咨询有限公司（www.booklink.com.cn）
总 策 划：陈 庆
策 　 划：陈 辉
设计制作：柯秀翠

出版发行：辽宁科学技术出版社
　　　　　（地址：沈阳市和平区十一纬路 29 号　邮编：110003）
印 刷 者：北京利丰雅高长城印刷有限公司
经 销 者：各地新华书店
幅面尺寸：170mm×240mm
印 　 张：6
字 　 数：127千字
出版时间：2015年3月第1版
印刷时间：2015年3月第1次印刷
责任编辑：郭莹　谨严
责任校对：合力

书 　 号：ISBN 978-7-5381-8839-4
定 　 价：36.00元

联系电话：024-23284376
邮购热线：024-23284502
E-mail: lnkjc@126.com
http://www.lnkj.com.cn